全世界孩子最喜爱的大师趣味科学丛书④

趣味几何学

ENTERTAINING GEOMETRY

〔俄〕雅科夫·伊西达洛维奇·别莱利曼◎著　　项　丽◎译

U0225652

中国妇女出版社

图书在版编目（CIP）数据

趣味几何学 /（俄罗斯）别莱利曼著；项丽译. ——
北京：中国妇女出版社，2015.1（2024.6重印）
（全世界孩子最喜爱的大师趣味科学丛书）
ISBN 978-7-5127-0945-4

Ⅰ.①趣… Ⅱ.①别… ②项… Ⅲ.①几何学—青少
年读物 Ⅳ.①O18-49

中国版本图书馆CIP数据核字（2014）第238412号

趣味几何学

作　　者：〔俄〕雅科夫·伊西达洛维奇·别莱利曼 著 项丽 译
责任编辑：应　莹
封面设计：尚世视觉
责任印制：王卫东
出版发行：中国妇女出版社
地　　址：北京市东城区史家胡同甲24号　　　邮政编码：100010
电　　话：（010）65133160（发行部）　　　65133161（邮购）
法律顾问：北京市道可特律师事务所
经　　销：各地新华书店
印　　刷：北京中科印刷有限公司
开　　本：170×235　1/16
印　　张：17.5
字　　数：260千字
版　　次：2015年1月第1版
印　　次：2024年6月第43次
书　　号：ISBN 978-7-5127-0945-4
定　　价：32.00元

编者的话

　　"全世界孩子最喜欢的大师趣味科学"丛书是一套适合青少年科学学习的优秀读物。丛书包括科普大师别莱利曼的6部经典作品，分别是：《趣味物理学》《趣味物理学（续篇）》《趣味力学》《趣味几何学》《趣味代数学》《趣味天文学》。别莱利曼通过巧妙的分析，将高深的科学原理变得简单易懂，让艰涩的科学习题变得妙趣横生，让牛顿、伽利略等科学巨匠不再遥不可及。另外，本丛书对于经典科幻小说的趣味分析，相信一定会让小读者们大吃一惊！

　　由于写作年代的限制，本丛书还存在一定的局限性。比如，作者写作此书时，科学研究远没有现在严谨，书中存在质量、重量、重力混用的现象；有些地方使用了旧制单位；有些地方用质量单位表示力的大小，等等。而且，随着科学的发展，书中的很多数据，比如，某些最大功率、速度等已有很大的改变。编辑本丛书时，我们在保持原汁原味的基础上，进行了必要的处理。此外，我们还增加了一些人文、历史知识，希望小读者们在阅读时有更大的收获。

　　在编写的过程中，我们尽了最大的努力，但难免有疏漏，还请读者提出宝贵的意见和建议，以帮助我们完善和改进。

目录

Chapter 1　森林中的几何学 → 1

Chapter 2　河畔几何学 → 29

Chapter 3　旷野中的几何学 → 61

Chapter 4　路途中的几何学 → 87

Chapter 5　不用工具和函数表的三角学 → 105

Chapter 6 地平线几何学 → 121

Chapter 7 鲁滨孙几何学 → 137

Chapter 8 黑暗中的几何学 → 147

Chapter 9　关于圆的旧知与新知 → 171

Chapter 10　无须测算的几何学 → 201

Chapter 11　几何学中的"大""小" → 225

Chapter 12　"极大值"和"极小值" → 245

Chapter 1
森林中的几何学

利用阴影的长度来测量

直到现在，有一件事情给我留下的印象还非常深刻。在我还很小的时候，曾经看到一个秃顶的人，他手里拿着一个很小的仪器对着一棵很高的松树。他想测量这棵松树的高度。只见他拿起一块方形的木板，然后对着松树瞄了一下。我还以为，这个人会拿着皮尺爬到树上去，可没想到，在做了这些后，他就把那个小仪器放回包里了，然后拍拍手说："好了，测完了。"可我觉得他根本还没有开始测量呀！

当时，我的年龄还很小，对这个人的测量方法感到非常困惑，不知道究竟是怎么回事，觉得就好像是魔术一样。后来，我上了学，慢慢接触到了几何学，我才知道，这其实根本不是魔术，原理也很简单。测量树根本不需要进行实际的测量，只需要运用几种简单的仪器就可以了，而且方法有很多种。

在公元前6世纪，古希腊哲学家泰勒思发明了一个方法，也是现在被认为最古老、最容易的方法。当时，他用这种方法来测量埃及金字塔的高度。在测量金字塔高度的时候，他利用了金字塔的影子。当时，包括法老和祭司在内的很多人都聚集到了一起，就是为了看一下这位哲学家是怎么测量高大的金字塔的。据说，当时泰勒思选择了一个特殊的时间，在那个时间，他自己的影子长度正好跟自己的身高相等。这样，只要测量出金字塔影子的长度就可以了，因为这个长度正好也等于金字塔的高度。只不过，金字塔影子的长度要从塔底的正中心计算，而不是从金字塔的边缘计算。泰勒思正是从自己的影子中得到了灵感，发明了这个方法。

现在，对于这位哲学家发明的这个方法，即使是小孩子，也很容易明白其中的道理。但是，我们不得不承认，是因为我们学了几何学这门学科，才做到的。在当时，可没有几何学。大约在公元前300年，古希腊数学家欧几里得写过一本书，对几何学进行了系统的论述，直到今天，还被我们学习运用。对于现在的中学生来说，书中的很多定理都非常简单，但是在泰勒思那个时代，还没有这些定理。而在测量金字塔高度的过程中，必须利用到其中的一些定理，也就是下面的这些三角形特性：

- 等腰三角形的两个底角相等。反过来，如果三角形有两个角相等，那么这两个角的对边也相等。
- 对于任意一个三角形，它的内角和等于180°。

泰勒思发明的测量高度的方法，正是建立在三角形的这两个特性之上的。当影子的长度等于他的身高时，就说明太阳照向地面的角度正好等于直角的一半，也就是45°。这时候，金字塔的高度和影子的长度正好是一个等腰三角形的两条边，所以它们是相等的。

如果天气比较好，在太阳的照射下，大树便会有影子。这时，便可以利用这种方法来测量大树的高度。不过最好是独立的大树，否则，它们的影子会重合，不便测量。但是，如果是在纬度比较高的地方，这个方法并不是很好用。这是因为，在这些地方，只有在夏天中午很短的一段时间里，影子的长度才会跟物体的高度相等。所以说，并不是所有的地方都可以用到这个方法。

不过，在这种地方，我们可以把这个方法改进一下，只要有影子就可以得到物体的高度。这时，需要做的工作就是，先分别测量出物体的影子和自己的影子的长度，然后利用下面的比例关系计算出物体的高度，如 图1 所示。

图1 利用阴影的长度来测量树的高度。

$$AB : ab = BC : bc$$

图2　为什么在路灯下这种测量方法不适用?

　　这个关系之所以成立，也是利用了几何学中的知识，如果两个三角形 ABC 和 abc 相似，那么它们的对应边就是成比例关系的。所以，物体的影子长度与身体的影子长度的比值，就等于物体的高度跟身高的比值。

　　你可能会疑惑，这么简单的道理，还需要用几何学来证明吗？如果没有几何学，难道我们就没有办法得到物体的高度了吗？其实，事实就是这样的。如图2所示，如果把刚才的方法运用到路灯以及它所形成的影子上，就不适用了。从图中可以看出，柱子 AB 的高度是矮木桩的3倍，但是它们的影子 BC 和 bc 却不是3倍的关系，而是差不多8倍的关系。如果没有几何学，要想充分解释这个方法的原理，并且说明为什么这个方法在此时行不通，是很难的。

　　【题目】为什么这个方法对路灯的影子就不适用了呢？跟前面测量大树的情形有什么区别？我们知道，我们都把太阳照射出来的光线看作是平行的，而路灯就不一样了，从路灯发出的光线并不平行，关于这一点，从图2中我们可以很明显地看出来。那么，为什么太阳发出的光线是平行的呢？太阳光不也是从同一个太阳发出来的吗？

【解答】我们之所以把太阳发出的光线看作是平行的，是因为从太阳发出的光线间的角度极小，几乎可以忽略。关于这一点，我们可以用几何学的知识进行证明。假设从太阳上发出了两条光线，照射到地球上的某两个点，不妨假定这两个点的距离有1千米。如果我们有一个巨大的圆规，将其中的一只脚放到太阳的位置，另一只脚放到刚才的其中一个点上，画一个圆。很显然，这个圆的半径正好是地球到太阳的距离，我们假设它为150000000千米。换算一下，很容易得到这个圆的周长，它等于：

$$2 \times \pi \times 150000000 \approx 940000000（千米）$$

刚才选取的两点间的距离是1千米，也就约是圆上的一段弧长是1千米的弧。我们知道，在圆周上的每一度对应的弧长都是圆周长的$\frac{1}{360}$。换算一下，也就是：

$$940000000 \times \frac{1}{360} \approx 2600000（千米）$$

每一分的弧长就是这个数值的$\frac{1}{60}$，约为43000千米，每一秒的弧长又是这个数值的$\frac{1}{60}$，即720千米。

我们刚才提到的弧长只有1千米，也就是说，它对应的角度是$\frac{1}{720}$秒，这个角度几乎可以忽略不计，即便是用精密的仪器，也很难测量出这么小的角度。所以，在地球上看来，太阳发出的光线完全可以看作是平行的。

需要说明的是，太阳照射到地球直径两端的光线之间的夹角大约是17秒，这个角度可以用仪器测量出来，科学家也正是利用这个角度才计算出地球与太阳之间的距离的。

由此可见，如果没有几何学的知识，对于前面提到的测量高度的方法，我们根本没有办法解释。

不过，在实际运用这个方法进行测量的时候，并不是一件容易的事情。这是因为影子边缘的分界线并不是十分分明，所以在测量影子的长度的时

图3 半影是如何形成的？

候，就很难测量准确。

太阳照射到物体上的时候，形成的影子边缘会有一个轮廓，这个轮廓呈现出的是半影，这就使我们很难准确地找到影子的边缘。之所以会产生半影，是因为太阳这个发光体太大了，光线不是从一个点上发出来的。如 图3 所示，树的影子BC在边缘处会多出来一段若隐若现的半影CD。实际上，半影CD的两端与树梢形成的夹角CAD与我们看向太阳直径两端形成的夹角是相等的，这个度数大约是半度。即使是在太阳的位置比较高的时候，也会存在半影，所以这时候就会产生测量误差。有时候，这个误差可能会达到5%，甚至更多。再加上其他因素的影响，比如，地面凹凸不平，就会导致误差更大。所以，如果在丘陵地带，这个方法是不适用的。

测量大树的两个便捷方法

前文中，我们讲到了利用影子来测量物体的高度。其实，测量物体高度的方法还有很多，下面我们来介绍两种最简单的方法。

第一种方法是利用等腰直角三角形的性质来测量的。

这里会用到一个简单的仪器，很容易制作。如 图4 所示。只需要一块木板和3个大头针就可以，在这块木板上画一个等腰直角三角形，然后把这三个大头针分别钉在三角形的顶点上。如果没有办法画出这个直角，可以找一张纸，把这张纸对折一下，横过来再对折一下，就可以得到这个直角，而且还可以用这张纸在木板上画出相等的距离，作为等腰直角三角形的两条边。所以，即便是在野外，没有任何工具，也可以很容易地制作出一个这样的仪器。

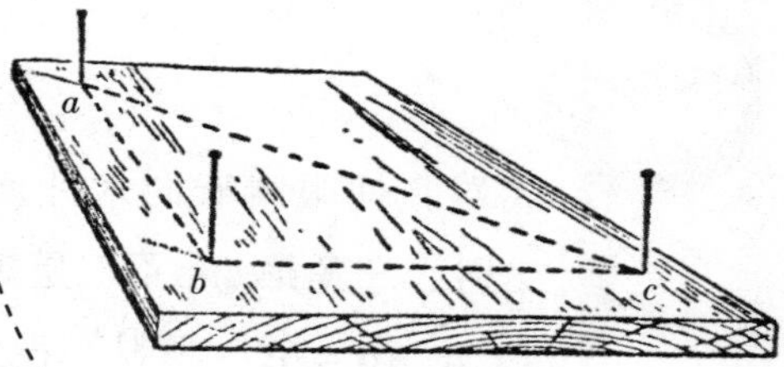

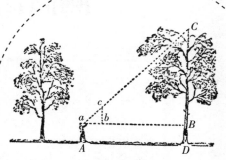

图4　三针仪。

利用这个仪器进行测量的方法也很简单，回到最开始的测量大树高度的例子。首先，把这个仪器拿在手上，站到大树附近的位置，在等腰直角三角形一条直角边顶端的大头针上拴上一条细绳，下面绑一个小石头什么的，让这条直角边跟细绳重合，这样就可以保证直角是竖直的，然后，从刚才站立的位置向前或者向后移动，找到第一个点A，如 图5 所示。这时从点A通过大头针a和c看向大树的时候，树梢C正好跟这两个大头针在同一条直线上，点C在等腰直角三角形ac边的延长线上。这时候，由于角a等于45°，所以aB和CB的长度是相等的。

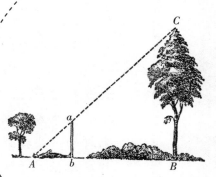

图5　三针仪的使用方法图示。

只要量出aB的长度，然后再加上BD，也就是眼睛到地面的距离，就可以得到树的高度了。

第二种方法也很简单，甚至不需要事先制作仪器，只要一根细长的木杆就可以了。把这根木杆插到地里，使它露在地上的长度正好等于你的身高（严格意义上，这个高度应该是从地面到你眼睛的高度）。如 图6 所示，仰面躺到地面上，脚跟抵住木杆的

图6　第二种测量树高的方法。

底端，使眼睛看向木杆顶端的时候，树梢正好在这条直线的延长线上。这时，三角形Aba不仅是等腰三角形，而且也是直角三角形，所以角A等于45°，$AB = BC$，眼睛平视到树的距离等于树的高度。

凡尔纳的测高法

在 凡尔纳 的小说《神秘岛》中，工程师和赫伯特之间有过一段有趣的对话：

工程师对赫伯特说："走，今天我们去测量一下瞭望塔的高度。"

"用什么仪器测量？"

"不需要仪器。今天我们换个方法，一样可以得到准确的数值。"

赫伯特是个好学的年轻人，他跟着工程师，想看看工程师是怎么测量的。

儒纳·凡尔纳（1828~1905），法国著名小说家、剧作家及诗人，被称为"科幻"小说之父，代表作有《格兰特船长的儿女》《海底两万里》《神秘岛》《气球上的五星期》《地心游记》等。

只见工程师先做了一个悬锤，其实就是在绳子的一端拴了一块石头。工程师让赫伯特拿着，然后又拿起一根木杆，长度大概有12英尺，两个人一前一后向瞭望塔走去。

两个人来到距离瞭望塔大概500英尺的一个地方。工程师把木杆的一头插到土里，插下去的深度大概是2英尺。接着，工程师从赫伯特手里接过悬锤，对木杆进行校正，直到木杆完全竖直，之后对木杆插到土里的部分进行了固定。

固定好木杆后，工程师朝着远离木杆的方向走了几步，仰面平躺在了地面上，并且让自己的眼睛能够正好通过木杆的尖端看到瞭望塔的最顶端。工程师在这个点上做了一个标记，如图7所示。

接着，工程师从地上站了起来，对赫伯特说："你学过几何学吗？"

"嗯，我学过。"

"那你知道相似三角形有什么性质吗？"

"两个相似三角形的对应边成比例关系。"

"嗯，没错。现在，我们就来找相似三角形，而且是直角相似三角形。把这根木杆看作三角形的一条边，刚才标记的那个点到木杆的距离作为另一条边，我的视线作为弦，这是一个三角形。另一个三角形的两条直角边是由要测量的瞭望塔的高度和瞭望塔底部到标记点的距离，而弦也是我刚才的视线。也就是说，两个直角三角形的弦是重合的。"

图7　《神秘岛》中工程师采用的测量方法。

听工程师说完，赫伯特叫了起来："哦，我知道了，标记点到木杆的距离与它到瞭望塔的距离之比，等于木杆高度与瞭望塔高度的比值。"

"没错。所以只要分别测量出标记点到木杆和瞭望塔的距离，就可以计算出瞭望塔的高度了。木杆的高度我们是知道的，这样通过刚才的比例关系，就可以得到瞭望塔的高度了。因此，根本不需要用尺子直接测量，我们就能知道瞭望塔有多高。"

接下来，两个人对那两段距离进行了测量，分别是15英尺和500英尺，并列出了下面的公式：

$$15 : 500 = 10 : D$$
$$D = 500 \times 10 \div 15 \approx 333$$

也就是说，瞭望塔的高度大概是333英尺。需要注意的是，这里的木杆高度10英尺指的是木杆露在地面上的部分，而不是整根木杆的长度12英尺。

侦察小分队的简易测高法

刚才，我们讲到了几种测量高度的方法，但是需要躺到地上，很不方便。那么，如何才能避免这个问题呢？

在一次战争中，一支小分队奉命在一条河上架建一座小桥。河对岸有敌人的重兵把守，要想架桥，必须选准位置，而小分队又不可能到河的岸边进行侦察。于是，小分队的指挥员便派了一个小组，到附近的一座树林里，选了一棵树，对它的直径和高度进行了测量，还粗略估计了一下架桥需要的树木的数量。

如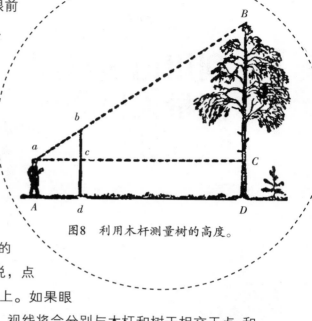图8所示，这组人也是通过一根木杆来测量这棵树的高度的，但是跟前面介绍的方法又有所不同。具体地讲，是这样的：

首先，这组人找了一根比自己身高稍高一些的木杆，把它插在大树前面的一块地上，在木杆与大树之间留出一定的距离，然后沿着*Dd*的延长线向远离木杆的方向后退，一直退到点*A*。从图8中可以看出，如果眼睛从点*a*看向木杆的顶端*b*，那么*ab*的延长线正好能通过树梢，也就是说，点

图8 利用木杆测量树的高度。

a、木杆顶端*b*、树梢*B*在一条直线上。如果眼睛从点*a*沿水平方向*aC*看去，那么，视线将会分别与木杆和树干相交于点*c*和*C*，把这两个点也标记下来。这时候，所有需要的点就确定好了，而且三角形*abc*和*aBC*是相似三角形，所以可得：

$$BC : bc = aC : ac$$
$$BC = \frac{bc \times aC}{ac}$$

bc、*aC*和*ac*的长度都可以测量出来，这样就可以得到*BC*的值，然后再加上*CD*的长度，就得到了树的高度。

另外，这个小分队指挥员还估算了一下树林中树木的数量，他是这么计算的：先找人测量出了整个树林的面积，然后在树林中间找了一块50×50平方米的地方，数出了里面树木的数量，利用简单的计算，得到了整个树林中树木的总数。

小分队把搜集到的资料送到了上级手里，并指出了架桥的位置，应该架一座什么样子的桥。后来，这座小桥真的建成了，战斗也取得了胜利。

利用记事本测量大树的高度

如果你手里有一个小记事本，而且还有一只铅笔，你也可以拿它们来测量物体的高度。只不过这样测量出来的高度不是十分精确。那么，应该怎么测量呢？同样的道理，构建出两个相似三角形，然后利用相似三角形的性质，就可以粗略计算出物体的高度。

如 图9 所示，把记事本拿到一只眼睛前面，竖直放置，然后把铅笔斜向上推出去，一直推到点a和铅笔尖b、树梢B在一条直线上。三角形abc和aBC是相似三角形，利用下面的比例关系可以求出BC。

$$BC : bc = aC : ac$$

在这几个数值中，bc、ac以及aC是可以测量出来的，利用上面的比例关系，可以得到BC的值。然后，加上CD——眼睛到地面的距离。

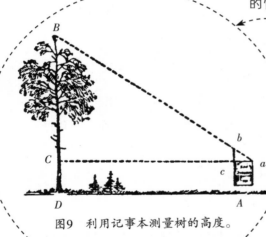

图9　利用记事本测量树的高度。

记事本的宽度是固定的，如果你所站的位置距离大树的距离始终是10米，那么铅笔向上推出去的距离bc就决定了大树的高度。所以，只要多试几棵树，看一下铅笔推出去的高度与大树高度的对应关系，并且把这一关系刻在铅笔上，就可以把记事本变成一个简便的测量工具。这样，在下次测量大树或者其他物体高度的时候，就可以用这个记事本直接得到高度值，根本不需要计算了。

有时候，我们还会遇到这样的情况，由于受到地形或者其他因素的影响，我们根本到不了要测量的大树附近，这时能不能测量大树的高度呢？

答案是肯定的。针对这一情形，人们发明了另一种测量仪器。跟前面提到的几种自制仪器一样，这个仪器也很容易制作。如图10所示，找两根木条ab和cd，把它们用钉子钉在一块，使它们的夹角成90°，并且使ab和bc相等，而bd只有ab的一半。这样，我们就制成了一个测高仪器。

测量物体高度的时候，只要把这个仪器拿在手里，让木条cd竖直，同样，为了使它真正达到竖直的位置，可以预先在仪器上面钉一个小钉子，拴上一个悬锤。然后，站在两个不同的地方A和A′测量。

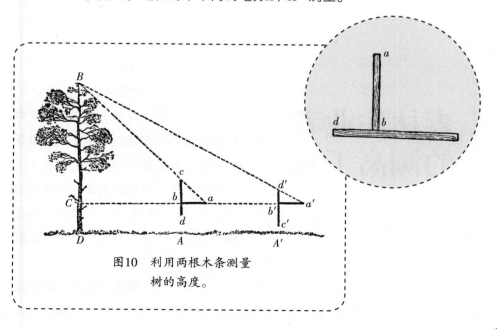

图10 利用两根木条测量
树的高度。

13

具体方法是这样的：在点A测量的时候，要保证仪器的c端在上面；而在点A'测量的时候，要保证仪器的d端在上面（也就是d'）。另外，点A和A'的选择也是有原则的。选择点A的时候，要使点a、点c和树梢B在一条直线上，而选择点A'的时候，要使点a'、d'和树梢B在一条直线上。这样，树高的上半部分BC正好等于AA'，这是因为：

$$aC = BC$$
$$a'C = 2BC$$

所以：

$$a'C - aC = BC$$

从刚才的分析可以看出，如果用这种仪器测量大树的高度，可以不用走到大树附近。当然了，如果可以走到大树附近，也可以利用这一仪器进行测量。这时候，只需要找一个点A或者A'就可以计算出大树的高度了。

有的读者可能已经想到了，这个仪器还可以简化一下，直接找一块木板，按照刚才a、b、c、d 4个点的位置，在上面标记出来，钉上一个钉子，就可以用来测量了。

森林作业者的测高工具

我们知道，森林工作者在作业中经常会用到测量高度的工具，也就是测高仪。那么他们所用的测高仪是怎样制作的呢？其实，测高仪也有很多种，下面，我们就来学习其中一种的制作方法。为了方便大家学习制作，我们进行了一些小的改动，但是其原理是一样的。

如图11所示，这是一块方板$abcd$。测量的时候，把这块方板拿在手里，沿ab边看向要测量的大树，变换木板的角度和方向，使树梢B正好跟

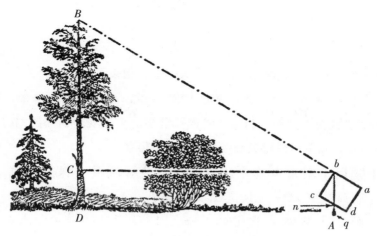

图11　森林作业者采用的测量法。

ab边在一条直线上。并且从点b垂下一个悬锤q，垂线与cd边的交点记为n，则三角形bBC和三角形bnc是相似三角形，而且角bBC等于角bnc，所以我们可以知道：

$$BC : nc = bC : bc$$

$$BC = \frac{bC \times nc}{bc}$$

线段bC、线段nc和线段bc的长度都可以测量出来。所以，求出线段BC的长度之后，再加上线段CD的长度，就得到树的高度了。

我们再深入讨论一下这个仪器。如果木条bc边正好长10厘米，在dc边上标出厘米的刻度，则$\dfrac{nc}{bc}$就相当于一个十分之几的分数。也就是说，它就表示树高BC是bC的十分之几。比如，从点b悬下的垂线正好在dc边的第7个刻度上，就说明BC等于bC的$\dfrac{7}{10}$。

这个仪器还可以进一步改进一下。如 图12 所示，在方板的上面两个角上分别折出一个正方形，并在中间各钻一个小孔，

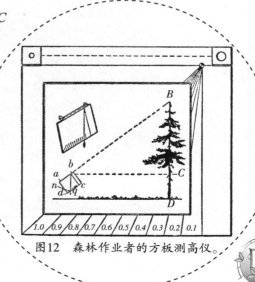

图12　森林作业者的方板测高仪。

其中一个小一些，放到眼前；另一个大一些，用来看向树梢。

这个仪器做好以后，大小跟图12差不多，而且还便于携带，所以很实用。这个仪器制作简单，制作的时候不需要追求美观。在郊游的时候，我们就可以用它来测量一些建筑物或者大树的高度了。

【题目】利用本节中的测高仪，能否测量一棵无法接近的大树的高度？如果可以，应该怎么测量呢？

【解答】答案是肯定的。如图13所示，在点A和点A′分别把仪器对准树梢B。假设在点A的时候，$BC=0.9AC$，在点A′的时候，$BC=0.4A′C$，可得：

$$AC=\frac{BC}{0.9}, \quad A′C=\frac{BC}{0.4}$$

$$A′A=A′C-AC=\frac{BC}{0.4}-\frac{BC}{0.9}=\frac{25}{18}BC$$

$$BC=\frac{18}{25}A′A=0.72A′A$$

因此，只要测量出点A和点A′之间的距离，再乘以0.72，就可以得出这棵无法接近的大树的高度。

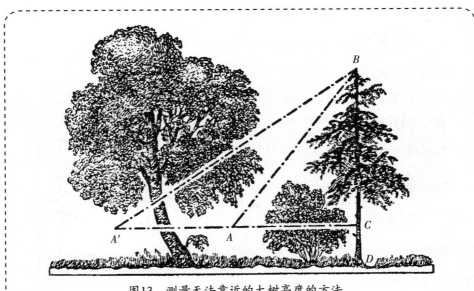

图13　测量无法靠近的大树高度的方法。

利用镜子测量高度

【题目】我们还可以利用镜子来测量树的高度，方法也很简单。

如 图14 所示，把镜子放在大树前面的点C，使点C跟大树保持一定的距离。测量的时候，测量的人一边看着镜子，一边往后退，要一直退到正好在镜子里面看到树梢A的位置，也就是点D。这时，树的高度AB跟测量者身高ED之比就等于树根到镜子的距离BC跟镜子到测量者的距离CD之比。这是为什么呢？

【解答】可以用光的反射定律来证明这一结论。如 图15 所示，在

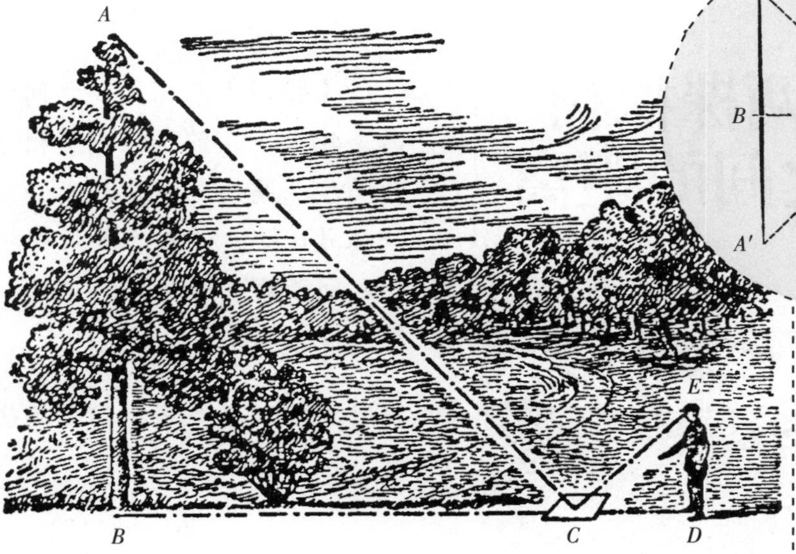

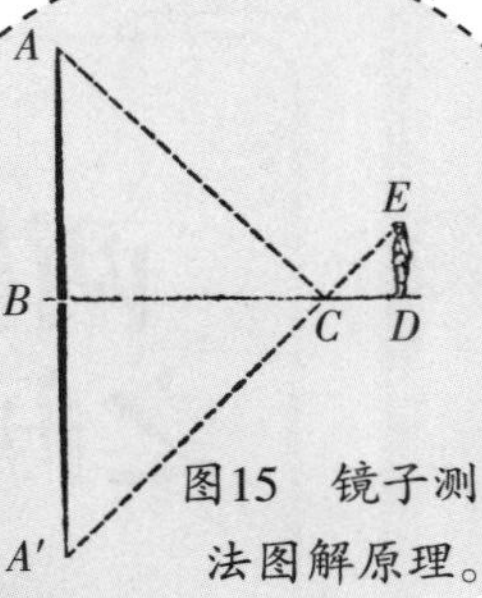

图15　镜子测高法图解原理。

图14　利用镜子测量高度。

镜子中，树梢A倒映在点A'处，即AB=A'B，三角形BCA'跟三角形DCE相似，可知：

$$A'B：ED=BC：DC$$

把A'B用AB代替，就可以得出它们的比例关系了。

这种测量大树高度的方法不受天气的限制。只要是一棵孤立的大树，都可以利用这个方法。

【题目】如果因为某种原因，我们无法接近大树，可以用镜子测量它的高度吗？

【解答】关于这个题目，在500多年前就已经有人提出来了。数学家安东尼·德·克罗蒙士在他的著作《实用土地测量》中曾进行过讨论。

要想解答这个问题，需要应用两次刚才说到的方法，也就是把镜子放在两个地方进行测量，然后利用相似三角形的性质，可以得出，大树的高度就等于测量者眼睛的高度乘以两个距离的比。这两个距离中的一个是镜子在两个地方间的距离，另一个是测量者跟镜子间距离的差。

两棵松树之间的距离

【题目】两棵松树之间的距离是40米。我们已经测量出它们的高度：高的一棵是31米，矮的一棵是6米。那么，这两棵树树梢之间距离多远？

【解答】如 图16 所示，根据勾股定理，两棵树树梢之间的距离是：

$$\sqrt{40^2+25^2}\approx47（米）$$

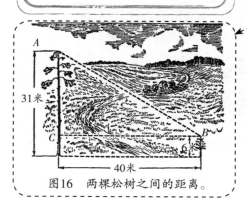

图16 两棵松树之间的距离。

深奥的树干体积计算方法

在实际生活中，我们经常需要知道大树的体积是多少，一共有多少立方米的木材；大树有多重，要采用什么方法把它运走，是大车还是小车？这两个问题比测量大树的高度要难多了。而且，一直到现在也没有找到一种很好的方法，对这两个问题进行精确的计算。即便是一棵已经砍伐并倒在地上的树干，我们也很难计算出它精确的体积数值，只能得到一个近似值。

这是因为，即便是一段非常平整、没有任何凹凸的树干，也不可能像圆柱体或者圆锥体那样用公式计算出体积来。我们知道，树干的形状不是圆柱体，也不是圆锥体，而是上端细一些，下端粗一些。

所以，要想精确得到树干的体积，只能利用积分进行计算。有的人可能觉得这太小题大做了，这么简单的一个问题，竟然要用到高等数学的知识？是的，在我们的日常生活中，很多现象并不是仅仅用初等数学就可以解答的，有时候必须用高等数学才能解释清楚。利用初等几何学的知识，我们可以精确计算出某个恒星或者行星的体积，但是如果要想计算一段木材的体积或者一个啤酒桶的容积，只用初等几何学是办不到的，要用到解析几何和积分运算。在本书中，我们不会涉及有关高等数学的知识，所以，虽然得不到树干的精确体积，但是我们可以估计出一个大概的数值。

在计算的时候，我们根据树干的形状，把它近似成圆台或者圆锥。如果树干的形状比较尖，也就是跟树梢连在一起，那我们就把它看成一个圆锥；如果树干是大树下面的一段，我们就把它看成一个圆台；如果树干比较短，我们还可以把它看成是一个圆柱体。这样的话，我们就可以很容易地利用初等几何学中的知识进行计算了。说到这里，有的读者可能会问，有没有一种方法，或者说，有没有一个通用的公式，对树干的体积进行计算呢？如果有

的话，直接利用这个公式进行计算，就简单多了，根本不用考虑树干的形状，不用管它是圆柱、圆锥，还是圆台！

万能公式

答案是肯定的，确实存在这样的万能公式。这个万能公式的适用范围不仅局限于圆台、圆柱和圆锥，而且对棱台、棱柱和棱锥也适用。这个公式又叫辛普森公式，下面是这个公式的表达式：

$$V = \frac{h}{6}(b_1 + 4b_2 + b_3)$$

其中，h是几何体的高度，b_1是下底面的面积，b_2是中间截面的面积，b_3是上底面的面积。

【题目】证明辛普森公式可以用于下面的几何体：棱台、棱柱、棱锥、圆台、圆柱、圆锥和球体。

【解答】只要分别利用这个公式来求解一下图17所示的几何体的体积就可以了。

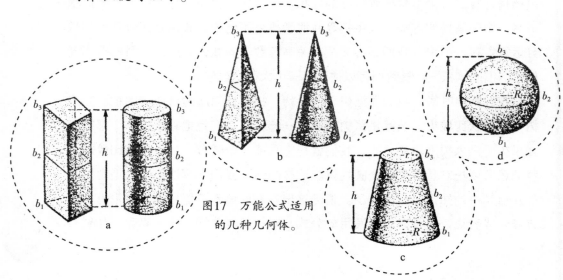

图17　万能公式适用的几种几何体。

如果是圆柱或棱柱（如图17，a），有：

$$V=\frac{h}{6}(b_1+4b_1+b_1)=b_1h$$

如果是圆锥或棱锥（如图17，b），有：

$$V=\frac{h}{6}(b_1+4b_2+0)=\frac{b_1h}{3}$$

如果是圆台（如图17，c），有：

$$V=\frac{h}{6}\left[R^2+4\left(\frac{R+r}{2}\right)^2+r^2\right]$$

$$=\frac{h}{6}(R^2+R^2+2Rr+r^2+r^2)$$

$$=\frac{h}{3}(R^2+Rr+r^2)$$

如果是棱台，也可以计算出来。如果是球体（如图17，d），有：

$$V=\frac{2R}{6}(0+4R^2+0)=\frac{4}{3}R^3$$

【题目】万能公式还有一个特点，它还可以用来计算平面图形的面积。比如，平行四边形、梯形、三角形等，但是要把公式中字母的含义稍作修改：

$$S=\frac{h}{6}(b_1+4b_2+b_3)$$

其中，h仍代表高度，b_1是下底边的长，b_2是中间线的长，b_3是上底边的长。

怎么证明呢？

【解答】把公式分别用于三角形、平行四边形、梯形。如图18所示。

如果是平行四边形，有：

$$S=\frac{h}{6}(b_1+4b_1+b_1)=b_1h$$

如果是梯形，有：

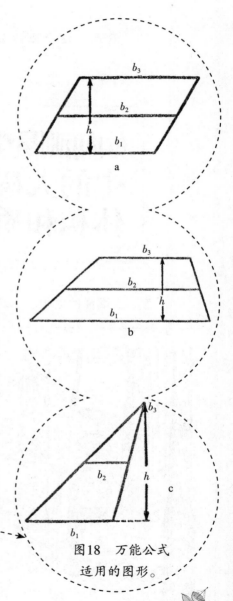

图18 万能公式适用的图形。

21

$$S = \frac{h}{6}\left(b^1 + 4 \times \frac{b_1 + b_3}{2} + b^3\right) = \frac{h}{2}(b^1 + b^3)$$

如果是三角形，有：

$$S = \frac{h}{6}\left(b^1 + 4 \times \frac{b_1}{2} + 0\right) = \frac{b_1 h}{2}$$

看来，这个万能公式还真是名副其实。

如何测量生长中的大树的体积和质量

通过前面的分析，我们知道，确实存在着一个万能公式，可以计算出任意形状的树干体积的近似值，不管树干的形状是类似圆台、圆柱，还是圆锥。只不过，在计算之前，我们需要事先测量出几个数值：树干的长度、上端面的面积、下端面的面积以及中间截面的面积。上端面的面积和下端面面积比较容易计算，但是要想测量中间截面的面积，就需要用到一个特殊的设备，也就是量径尺，如图19和图20所示。如

图19 测量树的直径的量径尺。

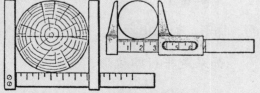

图20 量径尺（左）与向分尺（右）。

果没有这个设备，也可以测量出中间部分圆周的长度，然后利用圆周长公式，计算出对应位置树干的半径，进而计算出其面积。只不过计算过程相对复杂。

得到了上述4个数值之后，代入万能公式，就可以得到树干体积的近似值。在实际应用中，这个近似值就足够了。如果把树干看作一个圆柱体，并且以它中间部分的半径作为这个圆柱底面的半径，计算起来就更简单了。只不过，相比于前面的万能公式，这样计算出来的数值误差会稍微大一些。一般来说，误差值在12%左右。如果树干很长，我们还可以把树干进行分段计算，把每一段都视为一个圆柱体，然后单独计算每个圆柱体的体积，再相加，就可以得到树干的体积，而且段分得越多，误差就越小，结果测量得也会比较精确。这时候，误差可能仅有2%～3%，这已经非常接近准确值了。

刚才讲的关于树干体积的计算方法，是对于砍伐的大树来说的。如果大树没有被砍伐，还长在地上，这个计算方法就不合适了。这时候，如果无法爬到树上，就只能测量大树底部的数值，并且根据这个数值得到一个大概的近似值了。实际上，很多森林作业者就是这么做的。

但是，森林作业者还有一样工具——体积系数表，根据这个表格，他们可以很容易地估计出大树树干的体积。表上的数字表示：如果能够测量出树干底部以上130厘米处（齐胸高度）的直径，那么根据这个直径的大小，就可以估算出要测量树干的体积。其方法是这样的：

以刚才的直径和树干的高度为圆柱体的直径和高度，算出这个圆柱体的体积，那么要测量的树干体积就等于这个圆柱体体积的百分之几，如 图21 所示。需要注意的是，对于不同种类、不同高度的树木，表中对应的数字是不同的，这是因为不同种类的树，

130厘米

图21　测量生长中的大树的体积。

其树干形状也会不一样，虽然差距并不是很大，比如，松树、柏树，其对应的数字基本上都在0.5左右，前后相差不大。

有了这样一个表格，我们可以很容易地估算出长在地上的针叶树树干的体积。具体的操作方法很简单：只要测量出130厘米处树干的直径，计算出圆柱体的体积，那么针叶树树干的体积就是这个圆柱体体积的一半。

当然了，前面我们已经说过，这样得到的数值只是一个近似值，如果跟实际体积相比较，其误差一般为2%～10%。

刚才我们讨论的是估算树干的体积。下面，我们来估算一下树干的质量。

很显然，有了树干的体积，只要再知道每立方米树干的质量，就可以计算出它的质量。

以柏树或松树为例：每立方米的质量大概是650千克。如果有一棵柏树，它的高度是28米，地上130厘米处的树径是120厘米，那么这棵柏树的截面积大概是1100平方厘米，也就是0.11平方米。由此可知，它的体积大概就是 $\frac{1}{2} \times 0.11 \times 28 \approx 1.5$ 立方米，所以它的质量大概是 $650 \times 1.5 \approx 1000$ 千克，也就是1吨。

树叶几何学

【题目】在一棵高大的白杨树下面，一棵小白杨树依着大树的根生长。如果你能够摘下小树上的一片树叶，就会发现，这片树叶比那棵大树上的树叶大多了。而且，如果这棵小树一直在背阴的地方生长，这种差别就会更大。这是因为，如果小树在背阴处，它就不得不增大与阳光的接触面积，以弥补阳光稀少的不足。你可能会说，这些都是植物学家需要研究的问题。其实，在几何学中，我们可以通过计算得出，小树的树叶到底比大树的树叶大出多少。

要解答这个问题，该从何处下手呢？

【解答】我们知道，对于同一种类的树木，它们树叶的形状是基本相同的，有时候甚至几乎完全相同，所不同的只是大小而已。从几何学的角度来说，它们的轮廓是相似的。根据几何学的知识，我们知道，如果两个图形是相似的，那么它们的面积之比等于这两个图形的直线尺寸之比的平方。所以，只要我们测量出两片叶子的长度或宽度，就可以得到它们的比例关系，也就可以很容易地得到这两片叶子的面积关系。如果小树叶子的长度是15厘米，而大树叶子只有4厘米，那么两片叶子的面积之比就是$(15 \div 4)^2 \approx 14$。也就是说，小树叶子的面积大概是大树叶子的14倍。

其实，还有一个方法，也可以得到这两片叶子面积的比例关系。找一张透明的标有方格的纸，然后把纸压在树叶的上面，分别画出两片树叶的轮廓，根据画出来的树叶轮廓所包含的方格数量，就可以得到这两片树叶的面积关系。显然，与前面的方法相比，这个方法要精确得多，只不过烦琐一些。但是，如果两片叶子的形状差别比较大，前面的方法就不适用了，这个方法就显示出了它的优势。

【题目】一株蒲公英长在阴影中，它的叶子的长度是31厘米；另一株长在阳光下，它的叶子的长度是3.3厘米。这两株蒲公英的叶子的面积关系是怎样的呢？

【解答】根据前面的方法，我们可以得出，阴影中的蒲公英的叶子与阳光下的蒲公英的叶子的面积之比为：$(31 \div 3.3)^2 \approx 90$。也就是说，前者的面积大概是后者的90倍。

在树林中，我们经常会见到一些形状相似但大小不一的叶子，在我们用肉眼看来，它们的大小差别并不是很大，但是令人惊奇的是，如果从几何学的角度来看，它们的面积却有很大的差别。比如，有两片形状相似、大小却不相同的叶子，其中一片的长度比另一片大20%，那么它们的面积之比就是：$(1.2 \div 1)^2 \approx 1.4$，也就是

说，两者在面积上的差别达到了40%。如果它们的长度差别再大一些，比如40%，那么两者的面积之比就是：$(1.4 \div 1)^2 \approx 2$，也就是说，两者的差别有2倍呢！

【题目】如图22和图23所示，你能把每片叶子面积的比例关系计算出来吗？

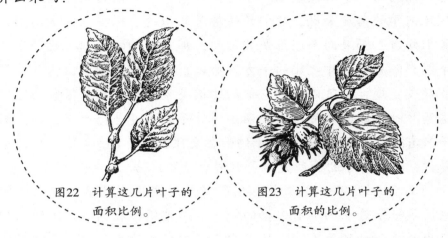

图22　计算这几片叶子的面积比例。

图23　计算这几片叶子的面积的比例。

六条腿的大力士

我们知道，蚂蚁的力量是很大的，它们可以背着比自己体重大得多的物体前进，如图24所示，而且动作还很敏捷。在观察蚂蚁的时候，我们经常会惊奇于它的力量，同时也会在头脑中产生一个疑问：蚂蚁这么小，它怎么会有这么大的力量呢？它背上的重物比它自身的质量大10倍，甚至更多，但是它们看起来好像也并不是很吃力。如果换成人类，要是也背着相当于自身体重10倍的重物，早就被压趴下，更不用说走动了。从图24右边的图上，我们可以看出，要想背着一架钢琴爬梯子，是办不到的。那么，我们是不是可以说，蚂蚁比人类强壮得多呢？

关于这个问题，并非想象的那么简单，这需要相关的几何知识才能解释清楚。下面，我们先来了解一些关于肌肉力量的知识，再来讨论这个问题。

从某种意义上说，肌肉和有弹性的韧带有很多相似的地方。不过，肌肉的收缩不是因为弹性，而是别的原因，而且肌肉会因为神经的刺激而恢复原状。在生物学实验中，有人试过把电流通到肌肉上，或者通到相关的神经上，也可以让肌肉收缩。

对于冷血动物来说，它们有一个特点，即便已经被杀死，它们的肌肉仍然可以存活一定的时间。所以，我们可以从刚杀死的青蛙身上取下一块肌肉，来做一下这个实验。实验很容易，也很简单。

图24　六条腿的大力士。

通常，我们会取青蛙后腿上的腿肚肌，这块肌肉是跟腿上面的一块腿骨和肌腱连在一起的，可以连同这两部分一起取下来。在做这样的实验时，这块肌肉的大小和形状都非常有代表性。下面开始实验。

肌肉取下来后，把大腿骨挂起来，在肌腱上挂一个钩子，在钩子上挂一个砝码。然后，在肌肉的两端分别接上一根电线。在接通电源的瞬间，你就会发现，肌肉会马上收缩，并把钩子上的砝码上提。我们还可以继续增大砝码的质量，来测量这块肌肉最大的拉力到底有多少。如果把好几条这样的肌肉首尾相连，我们还可以发现这样一个现象，肌肉的条数越多，砝码上提的高度也会相应地提到一条肌肉时的几倍。但是，这并不能使肌肉的拉力变大。

接下来，我们还可以把几条这样的肌肉捆到一起，继续做这个实验。我们会发现，这时候，捆到一起的肌肉会提起跟肌肉的条数相对应倍数的砝码来。

由此，我们不难得出结论，如果这些肌肉生长在一起的话，它们也会有同样的性质。也就是说，肌肉拉力的大小跟

肌肉的长度和质量没有关系，而是由肌肉的粗细决定的，或者说，是由肌肉横截面的面积决定的。

我们不妨再深入分析一下，如果两只动物构造相同，形状也相似，不同的只是大小，而且大动物的直线尺寸是小动物的2倍，那么根据前面提到的几何学知识，我们就可以得出，大动物的体积和体重就是小动物的2^3=8倍，而且各个器官的体积和质量也有这样的关系。但是，如果计算面积，比如，刚才提到的肌肉的横截面，它们的比例关系就是2^2=4，大动物肌肉的横截面的面积是小动物的4倍。所以，我们可以得到这样的结论，如果一个动物的身体长大到原先的2倍，那么它的体积和质量都会增大到原来的8倍，但是它的肌肉的力量却只有原来的4倍，而不是8倍。也就是说，跟体重相比，它的体力并没有增长同样的幅度，而是一半。同样的道理，如果两个动物的长度之比是3：1，那么，它们的体积和质量就是3^3=27倍的关系，而体力却只增大了3^2=9倍，相比增大的体积和质量来说，体力增大的幅度只是$\frac{1}{3}$。

这样就解释了刚开始提到的蚂蚁为什么能背得动比自身重得多的物体。这是因为，跟肌肉的力量相比，动物的体积和质量并不是同比例变化的。蚂蚁和黄蜂可以背起是体重的30倍～40倍的物体，而人类，即便是运动员，也只能背起体重的$\frac{9}{10}$，马还要更少一些，大概只有体重的$\frac{7}{10}$。

克雷洛夫曾经写过一首诗，生动地刻画了"蚂蚁勇士"的丰功伟绩。他是这样写的：

有这样一只蚂蚁，

它的力量大得惊人，

我还从来没有见过这样大的力气，

它甚至可以举起两个大麦粒！

通过刚才的分析，我们知道，诗中所描写的这一景象，是有一定的几何学原理的。

Chapter 2
河畔几何学

不渡河测量河宽的方法

前面我们讲到，不用爬到树上，一样可以测量出大树的高度。那么换一种情况，如果有一条河，不渡过河去，是不是也可以测量出它的宽度？从几何学的原理上来说，这是可能的。跟测量大树一样，我们可以采取同样的方式，构造几何图形，用其他可以测量的距离把河的宽度计算出来。

其实，这样的方法也有很多，下面，我们挑选几种比较简单的方法讲解一下。

方法一：三针仪测距法

在这个方法里，我们要用到如图25所示的三针仪。这个仪器制作起来其实很简单，只要在一块木板上画一个等腰直角三角形，然后分别在3个顶点上钉上一个大头针，仪器就做成了。

图25　三针仪测距法。

如 图26 所示，我们站在河岸的点B上，要测量河的宽度，也就是AB的长度。下面开始测量。

首先，我们站到河岸上的点C处，把三针仪放在眼睛的前面，闭上一只眼睛，用另一只睁开的眼睛看向BA，使这两个点正好跟三针仪上的a、b两点在一条直线上。这时，我们的站立点正好在AB延长线上。

其次，保持三针仪位置不动，用眼睛看向b、c两点的方向，找到点D，D点正好被大头针b、c挡住。这时，线段DC跟线段AB是垂直的。再次，我们在C点上钉一个小木桩，然后带着三针仪沿着直线CD走到点E，如 图27 所示，使大头针b正好挡住C点的木桩，大头针a正好挡住点A。这样，我们就找到了一个三角形ACE，而且，角C是直角，角E等于角A，都是45°，所以，AC等于CE。

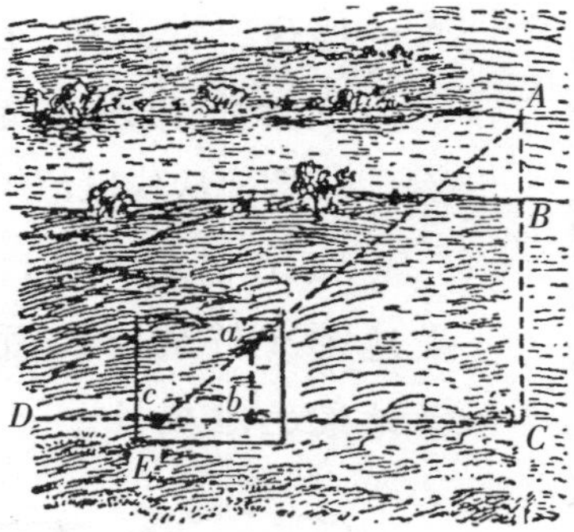

只要测量出CE的距离，就得到了AC的长度，然后再减去BC，就可以得出河的宽度AB了。

在实际测量的过程中，很难保证三针仪静止不动，所以可能会引起较大的误差。最好的方法是把三针仪水平固定在一根

图26　用三针仪确定第一个位置。

图27　用三针仪确定第二个位置。

木杆的上端，然后把木杆底端插到地里。

方法二：全等三角形测距法

这种方法跟第一种方法有一些近似的地方。

首先，在AB的延长线上找到点C，然后，站到点C处，在点C找出垂直于AC的直线CD。到这里，跟方法一是一样的，不过后面就不同了。

其次，如图28所示，在直线CD上，随便找一个点F，然后在CF的正中间位置，我们记为点E。那么，很显然，CE等于EF，分别在点E和点F处插上一个小木桩。

再次，在点F处找到垂直于CF的垂线FG，沿着FG的方向前进，找到点H，使得从点H看向点A的时候，点A正好被点E的小木桩挡住，即点H、E、A在一条直线上。

最后，利用全等三角形的性质，我们就可以得出：FH＝CA。然后，从线段FH中减去线段BC的长度，就得到了河的宽度AB。

相比于方法一，这种方法的适用范围更广一些。而且，如果地形允许的话，可以分别用这两种方法进行测量，以检验测量结果的准确性。

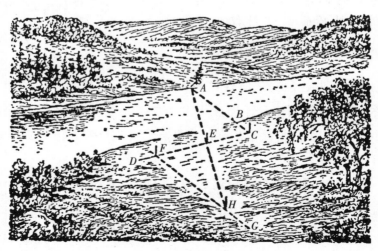

图28 全等三角形测距法。

方法三：相似三角形测距法

其实，对于方法二，我们还可以做一些改进。在直线CD上，不是找出相等的两段，而是找出另外一个点E，点E要满足这样的关系：$CE=4EF$，也就是说，CE的长度是EF长度的4倍，如 图29 所示。后面

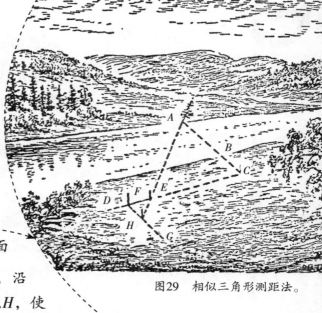

图29　相似三角形测距法。

的计算方法跟前面是相同的，沿直线FC的垂线方向FG找出点H，使得从这一点看向点E的时候，正好挡住点A。只不过，这里的FH不等于AC，而是AC的$\frac{1}{4}$。这是因为，图中的三角形ACE和EFH是相似三角形，而不再是全等三角形了。利用下面的比例关系：

$$AC:HF=CE:FE=4:1$$

就可以求出线段FH的长度，乘以4就是AC的长度，再减去线段BC的长度，就可以得到河的宽度AB了。

相比于方法二，这种方法的好处就在于，不需要太大的地方，就可以完成测量，并计算出河的宽度。

方法四：直角三角形测距法

这种方法利用了直角三角形的性质：如果一个直角三角形有一个锐角是30°，那么跟这个锐角相对的一条直角边的长度正好等于这个直角三角形斜边的一半。这一性质很容易就可以证明，下面我们就来证明一下。

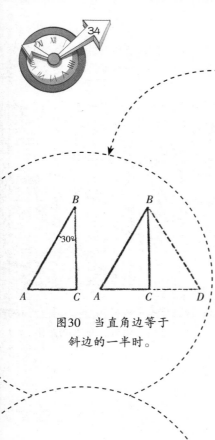

图30 当直角边等于
斜边的一半时。

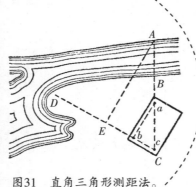

图31 直角三角形测距法。

如 图30 所示，直角三角形ABC的角B等于30°，AB是这个三角形的斜边，AC和BC分别是三角形的两条直角边。从图中可以看出，如果我们以BC为轴，把三角形ABC转到另一边，那么就会形成一个新的三角形ABD。由于点C两边的两个角都是直角，所以点A、C、D在一条直线上。很明显，在三角形ABD中，角A等于60°，角ABD是由两个30°的角合在一起的，所以也是60°。由等腰三角形的性质，我们可以得出：AD＝BD＝AB。而AD＝2AC。反过来，$AC=\frac{1}{2}AD$。$AC=\frac{1}{2}AB$。

知道了这个性质，我们就可以用它来测量河的宽度了。

这里，我们需要用到一个特殊的三针仪。在这个三针仪上，三角形不是等腰直角三角形，而是像图30中的三角形ABC一样，其中的一个直角边长度等于斜边的一半，如 图31 所示。

制作好这样的三针仪后，我们带着它来到图中的点C，使AC方向正好跟三针仪上的斜边重合。朝着三角形较短的一条直角边望过去，找出CD的方向。利用三针仪，在CD上找出点E，使EA的方向正好垂直于CD。那么，30°角对应的直角边EC就等于AC的$\frac{1}{2}$。所以，只要测量出CE的长度，再乘以2，然后减去BC，就得出要求的河面宽度AB了。

据说，在一次战争中，有个部队要到一条河的对岸去，便派了一个班去测量河的宽度，看看能否渡过去。当时，他们利用帽檐，测量出了河的宽度，帮助部队成功渡过了这条河。

帽檐测距法

这个班在班长的带领下，来到了河边，隐藏在灌木丛中。在其他人的掩护下，班长带着一个人悄悄爬到了河边，他们可以清楚地看到对面敌人的一举一动。在这样的情况下，他们只能用眼睛目测一下河的宽度，他们估计出的结果是1000米～110米。班长为了验证一下目测的结果是否准确，利用帽檐，重新测量了一下河的宽度。具体来讲，利用帽檐测量距离的方法是这样的：

如 图32 所示，按照图中的样子戴上帽子，眼睛从帽檐的底边看向河的对岸。其实，如果没有帽子，也可以用手掌或者记事本，贴在额头上代替帽檐。然后，整个身体向左转或者向右转。转动的时候，要保证头部的位置不动。在新的方向上，找到能看到的最远的那一点，那么从最远的这一点到测量人的站立点的距离就是河的宽度。通常来说，转动的方向要受地势的平坦程度影响，因此应尽量找一个平坦的方向，这样便于接下来的实地测量。

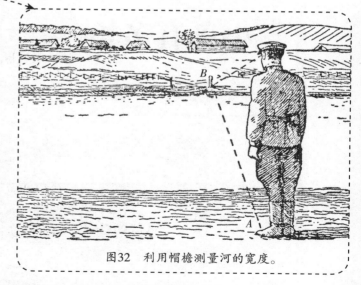

图32 利用帽檐测量河的宽度。

当时，班长就是利用了这一方法。不过，他当时没有戴帽子，而是用了一个记事本代替。只见班长从灌木丛中迅速跳出来，用记事本挡在额头上，望到了河的对岸，然后又迅速转了一下身，找到了最远的那个点，然后迅速趴下，跟另一个人匍匐着爬到了最远的那个点上，用绳子量了一下到刚才站立点的距离，结果是105米。于是，班长验证了自己的判断，成功完成了任务，并把这一结果报告给了上级领导。

【题目】利用几何学知识，解释一下帽檐法测距的基本原理。

【解答】在图32中，这个人的站立点是A，那么当他从帽檐或者记事本的边缘向远方望去的时候，看到的是河对岸的一点B，当他转身之后，看向远处的另一点C，就好像是以这个人为圆心画了一个圆弧。所以，AB和AC都是这个圆的半径，它们是相等的。

小岛有多长

【题目】如图33所示这条河中有一座小岛，要求不到达小岛边上，测量出小岛的长度。

相比前面测量河的宽度的问

图33　测量小岛的长度。

题，这个题目有点儿复杂，因为小岛的两边都不能靠近，但是，这个问题还是可以解决的，而且解决起来也并不复杂。

【解答】 假设我们在岸上，小岛的长度是AB，如 图34 所示。

图34 全等直角三角形测距法。

首先，我们在岸上选择两个点，分别是点P和点Q，在这两个点上分别钉上一个木桩。其次，利用三针仪，在它们的连线上找出两个点M和N，使AM和BN都垂直于PQ，再于MN的中点O上钉一个木桩。再次，在AM的延长线上找到点C，使得从这一点看向点O的时候正好挡住点B。同样的方法，在BN的延长线上找到点D。那么，CD的长度正好等于小岛的长度AB。

这一结论很容易证明。三角形AMO和三角形DNO都是直角三角形，MO=NO，∠AOM=∠DON，所以这是两个全等三角形，AO=DO。同样的道理，我们可以得出，BO=CO，所以三角形ABO和三角形DCO也是全等三角形，所以：CD=BA。

【题目】 在河的对岸，有一个人在行走，我们在河的这一边可以非常清楚地看到他走路的样子。那么，在不借助仪器的情况下，你能否在河的这边测量出你和他之间的近似距离呢？

对岸的路人有多远

图35　测量对岸的路人有多远。

【解答】其实，要解答这个问题，根本不需要什么仪器，只需要用到你的眼睛和手。朝着对岸的人伸出你的手臂，如果对岸的那个人向你右手的方向走，就闭上左眼，用右眼看，如果他向你左手的方向走，就闭上右眼，用左眼看。如图35所示，绕过竖起来的大拇指，看过去。当对岸的人正好被你的大拇指挡住的时候，马上把两只眼睛交替一下，也就是把睁着的眼睛闭上，把闭着的眼睛睁开，那么对岸的人就好像后退了一段一样。这时候，数一下那个人走到刚才你看到他的位置时走过的步数。接下来，利用这些步数估计出一些数值，然后利用这些数值就可以计算出他距离你有多远了。

我们假设点a和点b是两只眼睛，点M是竖起的拇指顶端，点A是对岸行人的初始位置，点B是他后来的位置。那么，三角形abM和三角形ABM是相似三角形。所以，$BM : bM = AB : ab$。在这里，只有BM是未知的，其他的数值都可以测量出来。bM等于手臂的长度，ab是两个眼睛之间的距离，AB则可以通过对对岸行人所走的步数计算出来。所以，你跟对岸行人的距离就是：

$$BM = AB \times \frac{bM}{ab}$$

假设两只眼睛之间的距离ab是6厘米，手臂的长度bM是60厘米，对岸行人从点A走到点B一共走了14步，每一步0.75米，那么你跟他的距离就是：

$$BM = 14 \times \frac{60}{6} = 140（步）=105（米）$$

最好的办法是，提前测量出我们两只眼睛的距离和手臂的长度（眼睛到竖起的手指之间的距离），并计算出它们的比值。这样，我们就可以随时测量那些无法接近的物体的距离了，而且还能计算得非常快。只要用AB乘以这个比值就可以了。

一般来说，普通人的这一比值都是10左右。要想运用这个方法，最关键的是知道AB的距离。

在这个例子当中，我们是利用了行人走过的步数。如果换成其他的情况，我们还可以利用一些别的方法。比如，我们要测量一列客车跟自己的距离，就可以利用车厢的长度来计算，一般来说，车厢的长度是8米左右。如果测量的是一座房子，我们就可以根据窗子的宽度或者墙上砖块的长度等计算出来。

刚才提到的这个方法，不仅可以用来测量距离，而且，如果知道了这个距离的话，还可以用来计算远方物体的大小。

这里，我们要介绍一种叫作"测远仪"的仪器，它是一种简单却很实用的仪器。如图36所示，制作这样一个仪器，只需要在一根火柴的一边涂上毫米的刻度就可以了。当然了，如果想使它看起来更醒目一些，可以把它涂成黑白相间的颜色。

最简易的
测远仪

图36 火柴测远仪。

图37 用火柴测远仪测算远处物体的距离。

需要注意的是，在使用这个仪器的时候，必须事先知道被测物体的大小，只有这样，才可以测量出它与你的距离，如 图37 所示。事实上，在使用其他一些比较高端的测远仪也需要知道物体的大小。下面我们就来讲解一下这个仪器是怎么使用的。比如，远方有一个人，你想测量出他离你到底有多远，那么，就可以用这种火柴测远仪来测量。把测远仪竖直拿在手中，伸直这条手臂，用一只眼睛看向那个人，使火柴顶端正好跟那个人的头顶重合在一起，然后，固定住测远仪，在上面找到那个人的脚对应的点，记下这个地方的刻度。这时候，我们就可以利用这个刻度值来计算他和你之间的距离了。

下面的式子就是计算这段距离的公式：

$$\frac{待测量的距离}{眼睛跟火柴的距离} = \frac{人的平均身高}{火柴上的刻度}$$

要证明这一等式成立是很容易的，这里我们就不再赘述了。举个例子来说，假设火柴到眼睛的距离是60厘米，人的平均身高为170厘米，从火柴上读出的刻度值是12毫米，那么这个人跟你之间的距离就是：

$$60 \times \frac{170}{1.2} = 8500（厘米）= 85（米）$$

可以通过下面的方法来验证这一仪器的可靠性。找一个人，先测量出他的身高，然后让他离你远一些，用仪器测量他离你有多远，跟他离开你的步数对比一下，就可以知道仪器是不是真的准确。并且，通过这个方法，也可以练习一下仪器的使用技巧。

同样的道理，利用这一仪器，还可以测量出远处骑在马上的人离你有多远。一般来说，人骑在马上的时候，他的高度大约是2.2米。如果换成骑在自行车上的人，我们可以测量车轮距离你有多远。一般车轮的直径是75厘米。

而如果是电线杆，它的高度大约是8米，电线杆上相邻的两个绝缘体之间的距离一般是90厘米。运用这个方法可以测量火车、房屋等与你的距离，以及它们的大小。下次旅行的时候，你不妨试一下，看看是否能够测量。

这种测远仪很容易制作。如果你比较擅长手工艺，并且能够细心一些，是完全可以制作得非常完美的。这时候，你就可以用它进行测量了。

图38和图39就是这种仪器的构造图。

图38　测远仪的使用。

把待测量的物体放到A的空隙中。这个空隙A可以变化大小，它是通过推动中间的一条杆来调整的。这个空隙的长短是从C、D上的标度读出来的。测量的时候，为了避免麻烦，可以事先在C板上写出一些距离的数值。在这里我们假设测量的是人，仪器跟眼睛的距离等于伸直的手臂长度。在D板的右面，写出测量骑马的人的一些距离。在这里，我们假设骑马的人的高度是2.2米。还可以在C和D的空白处写上一些其他的距离，比如，高为8米的电线杆和翼展为15米的飞机，等等。这样，我们就可以得到图39所示的测远仪了。

不过，利用这种仪器测量出来的数值并不是很准确，只能算是估值，不能称为测量。在前面的例子中，测出来的人的距离是85米，如果火柴上刻度的误差是1毫米，距离上就会相差大约7米$\left(85 \times \dfrac{1}{12}\right)$。如果这个人的距离是刚才的4倍，那么我们在火柴上看到的刻度差只有3毫米，而不是12毫米。也就是说，火柴上刻度的误差如果是$\dfrac{1}{2}$毫米，最后算出的结果就会相差57米。所以，如果用这个仪器测量，只有在比较近的时候，才比较准确，如果距离较远，误差就会很大，测量对象必须另选一个高大的物体才行。

图39　测远仪的构造。

小河蕴含着巨大的能量

通常来说，我们把长度小于100千米的河流都称为小河。在俄国，这种小河非常多，有人计算过，足有43000多条。

如果把这么多的小河都首尾连起来，长度可以达到130万千米。我们知道，赤道的长度也仅有4万千米，它可以绕赤道30多圈。

这么多小河，就这样缓缓流淌着。但是，你知道吗？在这些小河中蕴含着巨大的能量。这些巨大的能量，如果被我们加以利用，可以为附近的村庄提供电力等能源。

要想把水流变成电力，必须在河上建一座水力发电站。而要建水力发电站，就需要做很多前期准备工作。利用前面讲到的知识，我们可以对一些数据进行收集。

比如，建造水力发电站之前，必须要先知道河流的宽度、河中水流的速度、河床横截面的面积，以及河岸可以容纳多高的水位，等等。所有这些数据都可以利用一些简单的仪器测量出来，这些看似深奥的东西，用最简单的几何学知识就可以得到。下面，我们就来分析一下。

从专家那里，我们得到了一些从实践中摸索出来的经验。在拦河坝位置的选择上，要根据水力发电站的大小选择相应的位置。比如，要建一座15千瓦～20千瓦的小型电站，就应该建在距离城镇大约5千米的地方。

而且，拦河坝还不能建在距离河源太远或者太近的地方，一般选择在距离河源10千米～15千米以上，20千米～40千米以下的地方。因为距离河源太近，水量会比较少，水位高度就很难发出足够的电力，而如果距离太远，河面就会比较宽，拦河坝的建造费用就会大大增加。而且，在选择拦河坝的位置时，还应该考虑到河水的深度，如果河水太深，就不得不考虑拦河坝的承重问题，势必会增加大量的建设费用。

在高耸的白桦林边，
流淌着一条小河，
就像一条白色带子，
另一边，是一座小村庄。

——阿·费特

测一测水流的速度

在一条小河中，每天的水流量有多少？

要想计算出每天的水流量，首先必须知道水流的速度是多少。这其实很容易测量，不过需要两个人才能进行，并且需要一只秒表。如图40所示，选择一段较直的河面，预先在河岸选择两个位置A和B，假设它们之间的距离为10米。然后，在离河岸较远的地方，再选择两个点C和D，使AC和BD都垂直于AB。一个人拿着秒表，另一个人拿一个浮标（可以用一个空瓶子代替）。走到点A的上游某处，把浮标扔到河中，然后迅速跑到点C的后面。另一个人站到点D的后面，并同时沿着CA和DB的方向看向河面。当浮标漂到CA的延长

图40　测量河水流速。

线上时，站在点C后面的人抬起手臂，发出计时的信号，另一个人开始计时，等浮标漂到DB的延长线上时，记下经过的时间。这样，就可以计算出水流的速度了。

假设浮标漂过这段距离的时间为20秒，那么水流的速度就是：

$$\frac{10}{20} = 0.5 （米／秒）$$

为了保证测量结果的准确性，通常需要重复10次这样的测量，而且要不停地变换测量的地点，把浮标扔到不同的河段中，根据测量的数据，计算出每一次的水流速度，把这些结果相加，除以重复的次数，才可以得出水流的平均速度。

一般来说，深层的水流比较慢，河流的整体水流速度约为河流表面水流速度的$\frac{4}{5}$，所以在刚才的这条河流中，整体的水流速度是0.4米／秒。

在测量河流表面的水流速度时，也可以采取下面的方法。不过，跟上面的方法相比，它的精确性要差一些。

坐在一条小船上，沿着逆流的方向划，大约在1000米的地方掉头，然后沿着顺流的方向划回去。在两个方向上，尽量用同样的力量来划船。

假设逆流划船的时候用的时间是18分钟，而顺流的时候是6分钟，那么就可以用下面的方程来计算出水流的速度。这里，x表示水流的速度，y表示水流不动时划船的速度。

$$\begin{cases} \dfrac{1000}{y-x} = 18 \\ \dfrac{1000}{y+x} = 6 \end{cases}$$

$$\begin{cases} y+x = \dfrac{1000}{6} \\ y-x = \dfrac{1000}{18} \end{cases}$$

$$x \approx 55 （米）$$

也就是说，水流每分钟的速度约为55米，相当于每秒钟$\frac{5}{6}$米。

通过前面两种方法，我们可以计算出水流的速度，这只是第一步，要想计算出水的流量，还需要知道水流横截面的面积。那么，怎么计算这个横截面的面积呢？这就需要知道横截面的形状。我们可以用以下方法计算。

河水的流量有多大

方法一：划船标竿法

找一个可以测量出河面宽度的地方，在河的两岸，紧贴河面的岸边，分别钉两个小木桩作为标记，然后跟另一个人乘坐一条小船，从其中一个标记向另一个标记划船。需要注意的是，在划船的过程中，一定要尽量使小船始终沿着两个标记间的直线前进。如果你们两个划船技术都不是很好，可以找另一个人在对岸，时刻盯着小船，以便随时调整小船行进的方向。特别是在水流比较急的地方，即便是划船的高手，也是很难把握好方向的。

在划船的过程中，要数一下划桨的次数，当划到对岸的时候，记下划桨的总次数。根据这个数值，计算出小船行进10米的距离需要划几次桨。然后，再掉头划回去，只不过，这时候要带上一根长的竹竿，事先在竹竿上标记上刻度，按照刚才计算出来的划桨次数，在每划这么多次桨的地方，把竹竿插到水中，记下每一次的刻度，也就是水的深度。

需要说明的是，对于比较小的河流，这个方法还是很方便的，但是如果河流的河面比较宽，而且水比较深，就必须用其他的测量方法，或者请专家来帮忙解决了。

方法二：拉绳标竿法

如果要测量的是一条狭小的河，水也不深，那么就可以采用下面的方法，根本不需要划船。

在前面标记的两个小木桩之间，拉一条绳子，要求这条绳子跟水流的方向垂直。拉绳子之前，事先在绳子上面做一些标记，每个标记间的距离是1米或者2米，然后在每个标记处插一根竹竿到河底，测量出每个标记点上的水深。

根据测得的水深数据，在方格纸上把河流的横截面画出来，如 **图41** 所示。这样，我们得到了河流的横截面图，就可以很容易计算出它的面积。在中间的部分，我们可以把它看成是由很多个梯形组成的，而在两边的部分，可以看成是两个三角形，把它们的面积相加，就是河流的截面积。需要注意的是，如果图的比例尺是1：100，图形上的数据单位是厘米，那么计算出来的数值就正好是用平方米表示的截面积。

在前面的分析中，我们得到了水流的速度，现在，我们又得出了河流横截面的面积，接下来，我们就可以计算出河流的流量了。很明显，在河流的横截面上，每秒流过的水量就等于以河流的横截面作为底面、以水流的速度作为高度所形成的柱形几何体的体积。比如，如果水流的速度是0.4米／秒，而横截面的面积是3.5平方米，可得：

$$3.5 \times 0.4 = 1.4 \text{（立方米）}$$

也就是说，每秒

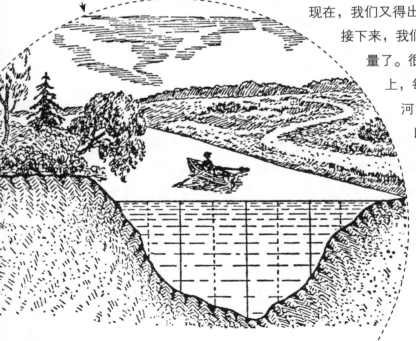

图41　河流截面图。

钟流过的水量就是1.4立方米，也就是1.4吨（1立方米质量的水正好是1吨）。那么，每小时的流量就是1.4×3600＝5040立方米，也就是5040吨。

而每天的流量是：5040×24＝120960立方米，也就是120960吨。

也就是说，这条小河每天的流水量是12多万立方米。实际上，横截面只有3.5平方米的小河确实太小了。你可以把它想象成一条3.5米宽、1米深的小河。只需要几步，我们就可以跨过这条小河了。我想，你肯定没想到，就是这样一条小河，每天流过的水量竟然有这么多！而一些大河，比如，涅瓦河，它每秒钟的流水量可达3300立方米，它每天的流水量得有多少啊！当然了，我们这里说的是平均流水量。

但是，要建一座水力发电站，还有很多其他的工作要做，比如，要计算出河的两岸究竟可以容纳多高的水位，也就是建成后的拦河坝可以形成的落差是多少，如 图42 所示。那么，怎么计算这一落差呢？首先，我们需要在河两岸距离岸边5米～10米处各做一个标记，使这两个标记间的连线垂直于水流的方向。其次，沿着这条连线的延长线，向远离河流的方向行进，如果岸边坡度变化比较大，就做一个标记，如 图43 所示。用特定的工具测量出这两个标记之间的垂直落差，也就是高度差，以及两个标记之间的距离。再次，把这些结果标在方格纸上，就得到了

图42　小型水电站。

图43　岸边地形的测量。

河岸横截面的图形。

根据画出来的横截面图形，工程师就可以知道河岸可以容纳的水位是多高。比如，拦河坝可以允许水位抬高2.5米，那么我们就可以根据这一数值计算出可能产生的电能有多少。

专家已经做了很多这方面的工作，根据他们的经验和计算，建成的水电站可能产生的电能就等于：每秒钟的水流量×水位的高度×6。在前面的例子中，就是：

$$1.4 \times 2.5 \times 6 = 21 （千瓦）$$

这里的系数6跟发电机的能量损耗有关，不同的发电机系数会有所不同。另外，河流水面的高度和水流量会随着季节的变化而变化，所以在进行相关计算时，要考虑这一因素的影响，尽量选择一年中大部分时间里测得的数据。

水涡轮如何旋转

【题目】如图44所示，在距离河底不远的一个地方，装有一个带桨叶的涡轮，如果水流的方向是从右向左，那么涡轮会怎么旋转呢？

【解答】我们的答案是：涡轮会按逆时针的方向旋转。这是因为，河流底部和上部的水流速度是不同的，底部水流的速度比上部要慢，从而导致涡轮上的桨叶受力不均匀，桨叶的上部受到的压力要大一些。

水流方向

图44　水涡轮向哪个方向转？

不知道你有没有注意过这样的现象，洗碗的时候，油在水面上会形成一层色彩艳丽的膜。油之所以会漂到水面之上，是因为它的比重比水小，所以会在水面上流散开来。那么，你知道这层油膜的厚度是多少吗？

彩虹膜
有多厚

初看这个问题似乎很复杂，但是解答起来其实很容易。当然，我们不可能直接去测量它的厚度，但是我们可以采用一种间接的方法将它计算出来。

把一定数量的油倒到一个大的水池中央，当油完全散开，变成一个大的圆斑的时候，把这个圆斑的直径测量出来，根据测得的直径计算出它的面积，油的体积是我们事先知道的，这样就可以很容易地计算出油膜的厚度。

【题目】已知每立方厘米煤油的质量是0.8克，现在把质量为1克的煤油滴到水面上，最后形成了一个直径为30厘米的圆斑，那么这层油膜有多厚？

【解答】根据煤油的密度，我们需要先计算出这1克煤油的体积。根据已知条件，每立方厘米煤油的质量是0.8克，那么1克煤油的体积就是 $\dfrac{1}{0.8}=1.25$ 立方厘米，也就是1250立方毫米。如果圆的直径是30厘米或者300毫米，那它的面积就大概是70000平方毫米，所以，这层煤油膜的厚度就等于它的体积除以底面积，即：

$$\frac{1250}{70000} \approx 0.018（毫米）$$

也就是说，这层油膜的厚度比1毫米的 $\dfrac{1}{50}$ 还要小。这么薄的膜，要想用普通的工具直接测量出来，几乎是不可能的。

有一些油或者肥皂液的膜比这层煤油膜还要薄，可能有0.0001毫米，甚至更薄。英国的物理学家波依思，写过一篇《肥皂泡》，里面有一段这样的描写：

49

有一天，我做了这样一个实验：我把一小汤匙橄榄油倒在了一个水池里，一会儿的工夫，这些油散开成了一个非常大的油膜，直径有20米～30米。我粗略计算了一下，这层油膜的面积比汤匙大多了，在长度和宽度上，都至少大了1000倍，所以，这层油膜的厚度大概是汤匙中油的厚度的100万分之一，大概是2毫米的100万分之一。

水纹是一圈圈圆吗

【题目】如图45所示，当我们把一块石头丢到水里的时候，水面上就会形成一些向外散开的圆形水纹。对于这一现象，并不难解释。这是因为当水面受到石头的冲击时，形成的波浪会以同样的速度向四周散开，所以每一圈波浪上的点跟石头落水点之间的距离都是相等的，也就是说，每一个水纹都是圆形的。

图45 水面上一圈圈的水纹。

刚才谈的是在静止的水中投石头，那如果向流动的水中投呢？如果把石头扔进流动的河中，形成的水纹还是圆形的吗？还是一个个椭圆形？

　　粗略想一下，我们能得出这样的结论：水纹一定是椭圆形的，形成的波浪会被流动的水带向前方，因为在逆流或者两边的方向上波浪展开的速度比顺流的方向要小。也就是说，在流动的水中，波浪会伸长变形，上面的各点虽然也是在一个封闭的曲线上，但不是一个圆形。

　　上面的分析看似合理，但是我要告诉你，实际上并不是这样的。即便水流的速度很快，石头激起的水纹仍然是圆形的，而且是一个正圆形。这是为什么呢？

　　【解答】在静止的水中，投石头形成的水纹是圆形的。在流动的水中，我们仍然假设形成的水纹是圆形的。那么水的流动会对这些水纹产生什么影响呢？如 图46 所示，a图中水流动的时候，会把水纹上的各点引向图中箭头的方向，而且在岸边上看来，水纹上各点移动的方向都是平行的，速度也相同，所以在一段时间里，他们移动的距离也是相同的。也就是说，各点都是平行移动的，并不会改变水纹的形状。从b图中可以看出，点1移动到了点1′，点2移动到了点2′……也就是说，四边形1234移动到了四边形1′2′3′4′处，而且这两个四边形是完全一样的。我们还可以从圆周上取更多的点，得到的结果也是一样的。如果取的点足够多，无数个点就可以形成一个圆，所以圆形的水纹平移之后，仍然是圆形。

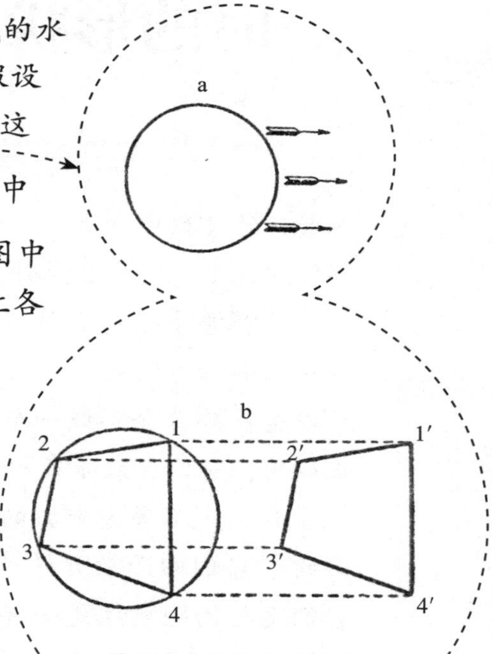

图46　水纹的移动图示。

　　通过刚才的分析，我们知道，石头丢进流动的水中，形成的水纹也是圆形的，并不会因为水的流动而改变形状。不过，跟在静止

的水中不同的是，流动的水中形成的水纹不是静止的，而是会随着水流的方向向下游移动。需要说明的是，在上面的分析中，我们假设水流是平稳的，而且各处的水流速度都一样。

榴霰弹爆炸时的形状

【题目】发射到空中的一枚榴霰弹急速飞驰着，到了一定高度后开始下落，在下落的过程中，榴霰弹突然爆炸，产生的碎片向四处散落。假设散落的碎片受到的弹射力量是相等的，而且在散开的过程中没有遇到任何障碍，那么1秒钟之后，如果碎片还没有落到地上，它们会是什么形状的？

【解答】跟前面的水纹一样，很多人可能以为，爆炸开的碎片会向四面八方飞去，向上飞的碎片比向下飞的碎片速度要慢一些，所以这些碎片会形成一个向下伸长的形状。实际上，这么想也是不正确的，它们会散布在一个球面上。下面我们就来分析一下。

我们先不考虑重力的作用，因为这些碎片受到的弹射力量是相同的，它们四面散开的速度就是一样的，所以在1秒钟的时间里，它们飞行的距离也是一样的，也就是散布在以爆炸点为球心的球形上。如果只考虑重力的影响，不考虑它们受到的空气阻力，各个碎片就会进行自由落体运动，不管每个碎片的质量如何，它们下落的速度都是相同的。也就是说，在1秒钟的时间里，它们下落的距离也是相同的，都平行向下移动了相等的高度，所以并不会改变原来的形状，所有的碎片还是在一个球面上。

综上所述，爆炸形成的碎片会在空中形成一个球面，而且随着时间的推迟，这个球面会越来越大，最后落到地面上。

我们继续有关河流的话题。一艘轮船在河中疾驰而过，在船头部位，河水被分成了两条水流，如 **图47** 所示。那么这两条水流是怎么形成的呢？而且，为什么船速越快，水的高度越高呢？

在回答这个问题前，我们先进一步讨论一下前面的水纹问题。

如果我们不是向水中只投一块石头，而是每隔一段时间，就向河中扔一块石头，那么在水中就会形成很多个圆形的水纹，而且最后形成的水纹也是最小的。如果我们沿着一条直线向水中丢石头，就会形成一长串的圆形水纹，就像船头形成的波浪一样。丢进去的石头越小、丢的频率越快，它们的相似程度就越明显。如果我们拿一根木棍插到水中并向前划，就可以把它想象成丢进了一连串的小石头，它们形成了跟船头一样的波浪。

由船头浪测算船速

图47　船头浪。

与投掷石头相比，船头形成的波浪要稍微复杂一些。当船头切开水面的时候，在每一个瞬间，都会形成圆形的水纹，并且会向周围扩散。但是，在扩散的时候，船头已经行驶到了前面，又会在前面形成圆形的水纹。投掷石头时，哪怕投的频率再快，也不可能是连续投，而船头形成的水纹是连续

53

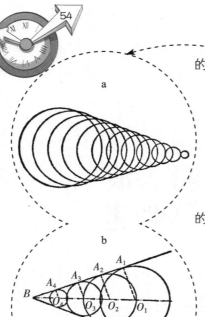

图48　船头浪的
　　　形成示意图。

的，如**图48**（a）所示。无数个水纹就形成了水流，它们彼此紧密连在一起，就形成了两条连续不断的水流，它们正好处于水纹的外公切线位置，如图48（b）所示。

这就是船头切开水面会形成水流的原因。其实，所有在水面上快速运动的物体，都会形成这样的水流。

需要注意的是，只有物体在水面上的运动速度比水浪更快时，才会形成这样的现象。如果我们拿一根木棍在水面上缓慢划动，是不可能形成水流的，因为每一个水纹都被前一个水纹包围，不可能划出共同切线。

反过来，如果水中的物体不动，而水流动的速度很快，那么也可以在物体的两边形成水流。如果水流得非常急的话，形成的水流甚至比轮船驶过形成得更清楚。

这就是轮船驶过时会形成船头浪的原因。下面，我们来深入分析一下船头浪。

【题目】船头浪的两条水脊间会形成一个锐角，那这个锐角的大小跟什么有关呢？

【解答】如图48（b）所示，我们以每个圆形水纹的中心为圆心，以它到水脊的距离为半径，向公切线的切点作直线，那么，线段O_1B是某一段时间船头走过的距离，线段O_1A_1是这段时间水纹扩散的距离。它们的比$\dfrac{O_1A_1}{O_1B}$就是角O_1BA_1的正弦值，而且也是水纹速度跟船头速度的比值。船头浪的角度B是角O_1BA_1的两倍，角B的正弦值等于圆形水纹扩散的速度跟船速的比值。

对于不同大小的船只，圆形水纹的扩散速度是一样的。所以，两条水流形成的角度大小，跟船的行驶速度有关，这个角的一半的正弦值，跟船速成反比。我们可以根据这个角度的大小，来判断船速跟水纹速度的关系。比如，如果两条水脊之间形成的角度是30°，我们知道$\sin15° \approx 0.26$，船的速度大约是圆形水纹扩散速度的$\dfrac{1}{0.26} \approx 4$倍。

【题目】当炮弹或者子弹打出去后，也会在空中形成波浪。如 图49 所示，这是两颗不同速度的炮弹在空中飞行时拍摄的照片。从图中可以看出，在弹头的周围形成了"弹头浪"，其形成原理跟船头浪是一样的，而且满足下面的关系：

弹头浪半角的正弦值等于弹头浪在空中散开的速度跟炮弹的飞行速度之比。

弹头浪在空中散开的速度等于声音的速度，也就是330米／秒。

有了这些知识后，我们就可以根据飞行中的炮弹的照片，计算出它的飞行速度是多少。那么，图中炮弹的飞行速度分别是多少呢？

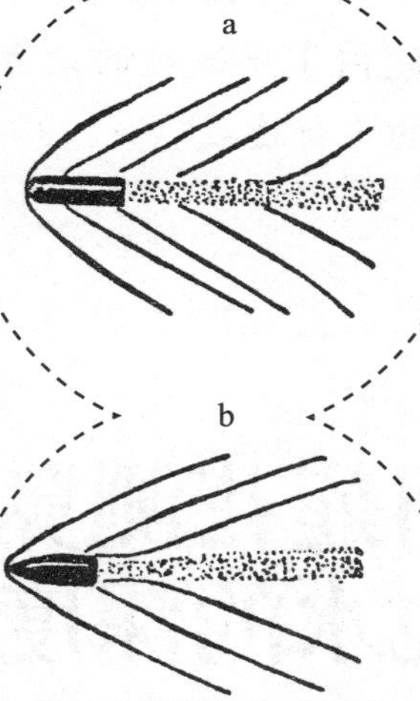

炮弹的飞行速度

图49　两颗飞行中的炮弹形成的空气波浪。

【解答】首先，我们根据图中弹头浪的图形，测量出两条空气脊的角度。a图大概是80°，b图大概是55°，那么它们的半角分别是40°和27.5°，$\sin 40° \approx 0.64$，$\sin 27.5° \approx 0.46$。前面已经提到，弹头浪的扩散速度是330米／秒。在a图中，这个速度与炮弹飞行速度的比例系数是0.64，而在b图中，它与炮弹飞行速度的比例系数是0.46。

根据这一关系，我们可以得出，在a图中，炮弹的飞行速度是 $\frac{330}{0.64} \approx 520$ 米／秒，而在b图中，炮弹的飞行速度是 $\frac{330}{0.46} \approx 720$ 米／秒。

从前面的分析可以看出，利用简单的几何学知识，再借助一

55

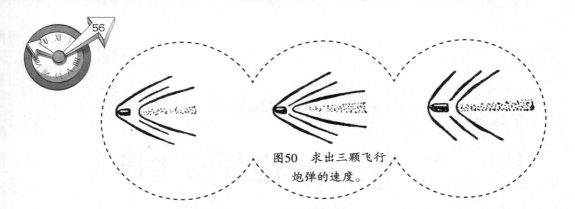

图50 求出三颗飞行
炮弹的速度。

点儿物理学知识，就可以解决一些看似费解的难题。比如，根据一张飞行中的炮弹照片，我们可以计算出它在进入相机镜头瞬间的速度。当然了，计算出来的结果只是一个近似值，炮弹在飞行中还可能受到其他一些因素的影响。

【题目】感兴趣的读者朋友，可以试着解答一下图50三张照片中炮弹的飞行速度。

用莲花测算池水的深度

刚才，我们从水面上的波浪，谈到了飞行的炮弹，现在继续回到河流的话题。

【题目】古时候的印度人很有趣，他们喜欢把一些题目和解答方法用诗歌的形式记载下来。

下面，我们就来举一个例子，有一首诗歌是这么写的：

在静止的水面上，有一朵盛开的莲花，
比水面高出半尺，突然吹来一阵狂风，
把莲花吹到一边，这时来了一个渔夫，
在距离莲花两尺的地方，发现了这朵莲花，
那你是否知道，刚才莲花所在的地方，
河水究竟有多深？

【解答】 如 图51 所示，图中的 x 表示我们要计算的河水深度 CD。由勾股定理，可知：

$$BD^2 - x^2 = BC^2$$

$$\left(x + \frac{1}{2}\right)^2 - x^2 = 2^2$$

所以： $x^2 + x + \frac{1}{4} - x^2 = 4$

于是，解得： $x = 3\frac{3}{4}$

也就是说，河水的深度是 $3\frac{3}{4}$ 尺。

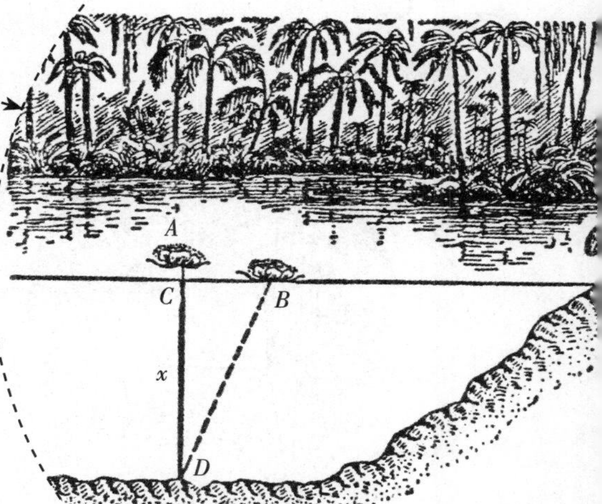

如果读者朋友有一天去河边，不妨按照刚才的方法，在水中随便找一棵植物，计算出那个地方的水深。

图51 莲花测算法。

倒映在河面上的星空

在生活中，几何学可谓无处不在。 果戈里 曾写过一篇文章，描写的是第聂伯河。文章中有这样一段描述：

> 漫天的星斗在天空照耀着，倒映在第聂伯河上。幽暗的第聂伯河把它们紧紧搂在怀里，没有一颗星能躲过它的怀抱。

果戈里（1809~1852），俄国批判主义作家，代表作有《钦差大臣》《死魂灵》。

我们也都曾有过这样的感觉，站在河边的时候，仿佛漫天的星斗全都倒映在了水面上。

真实情况是什么样的呢？真的是所有的星星都倒映在河中的水面上吗？

57

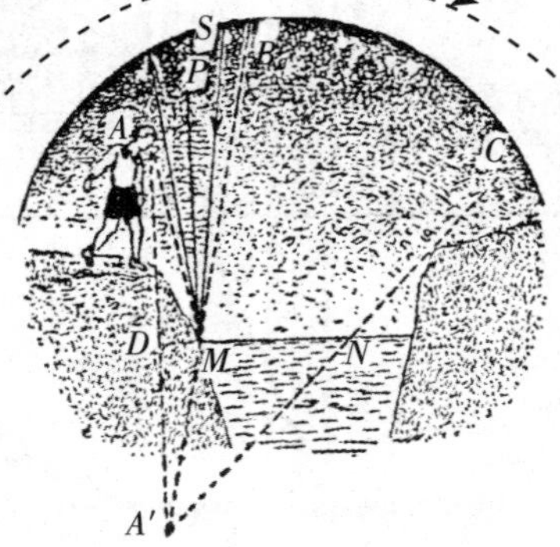

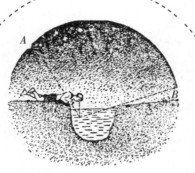

图52 在河面上能够
望到的星星。

如 图52 所示，假设点A处是观察者眼睛的位置，MN是河中的水面，那么观察者在点A看向河面的时候，看到了哪些星星呢？

在图52中，从点A引一条垂直于MN的垂线，在其延长线上取一点A'，使A'D = AD。假设点A'是观察者的眼睛，那么他只能看见角BA'C范围内的星空，也就是说，观察者在点A看的时候，也只能看到这么多。而在这个视野之外的星空，观察者是看不到的，它们的反射光线根本到不了观察者的眼睛中。

我们可以证明上面的现象：在角BA'C范围之外的星空，观察者在看向水面的时候，是看不到的。

在图52中，S星的光线射到水面的M点，在水面的反射下，这条光线会向垂线MP的另一个方向反射出去，而且这个反射角等于入射角SMP。与角PMA相比，这个反射角要小一些，所以这条反射光线只是从点A的旁边经过，并没有反射到观察者的眼中。如果从S星发出的光线射到了离岸边更远的地方，反射光线将离点A更远，也就更不能到达观察者的眼中了。

从刚才的分析中，我们可以看出，果戈里所描述的情形是不存在的，第聂伯河里倒映出来的星星，只是漫天星斗中的一小部分。

还有一个现象很令人费解。天空中的部分星斗会倒映在河中，那是不是说，如果河流比较宽广，倒映在里面的星斗就一定比倒映在小河中的多呢？事实上并非如此。在河岸较低的小河中，我们可能会看到更多的星星。

图53 在狭窄的小河中
可以看到的星星。

如 图53 所示，这跟人们看向河面的视角有一定的关系。

【题目】如图54所示，在点A和点B之间，有一条两岸平行的运河。现在，想在这条运河上建造一座垂直于岸边的桥，那么应该选择什么位置，才能保证从点A到点B的距离最短？

在什么地方架桥距离最短

【解答】如图55所示，过点A作一条垂直于河流方向的直线，在直线上选取一点C，使AC等于河面的宽度，连接点B和点C，得到点D，在点D建造这座桥，就能保证点A和点B之间的距离最短。

如图56所示，为什么将桥建在DE处，点A与点B之间的距离最短？下面我们就来证明一下。连接点E和点A，则线段AC平行且等于线段ED，四边形AEDC是平行四边形，AE平行于CD。因此，路径AEDB的长度等于ACB的长度。其实，可以很容易证明，任何一条别的路径都要比这条路经长。

如图57所示，假设有一条路径AMNB比路径AEDB短，即比路径

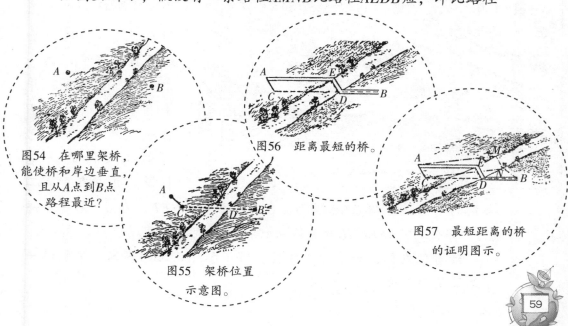

图54 在哪里架桥，能使桥和岸边垂直，且从A点到B点路程最近？

图55 架桥位置示意图。

图56 距离最短的桥。

图57 最短距离的桥的证明图示。

ACB短。连接点C和点N，得到：CN=AM，AMNB=ACNB，但是，路径CNB比路径CB长，所以，路径ACNB比路径ACB长，即路径ACNB比路径AEDB长。也就是说，刚才的假设是错误的，路径AMNB要比路径AEDB长。

根据前面的分析，我们可以得出，如果换一个地方建造这座桥，根本不能保证距离最短，点D是唯一可以保证距离最短的地方。

架设两座桥梁的最佳地点

【题目】 在实际生活中，我们可能会遇到图58所示的情况。在点A和点B之间有两条河，要在上面架两座桥。要使点A到点B之间的距离最短，应该将桥架在哪里？

【解答】 如 **图58** 所示，从点A作一条线段AC，使它跟第一条河的河宽相等，并垂直于河岸。从点B作一线段BD，使它跟第二条河的河宽相等，并垂直于第二

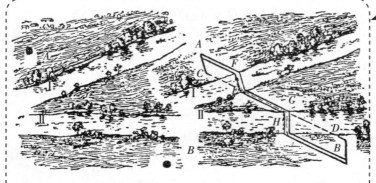

图58　搭建两座桥的最佳地点。

条河的河岸。连接点C和点D，在点E架一座桥EF，在点G架一座桥GH，那么路径AFEGHB就是从点A到点B的最短距离。

读者朋友们，如果你不相信，可以参照前文的内容，来验证一下结果是否正确。

Chapter 3
旷野中的几何学

月亮看起来有多大

月亮每个月都会在某一天达到满月，可是你知道满月到底有多大吗？

很多人在形容满月时，都是模糊的。有人说它像盘子，有人说它像苹果，还有人说它像脸蛋……这些都是不确定的判断，说明人们对问题的理解不够透彻。

要想正确回答这个问题，首先必须了解一个名词——视大小。关于满月的问题就是一个月亮视大小的问题。如图59所示，当我们看向远处物体的时候，从物体边缘引到眼睛的两条直线之间会有一个夹角，这个夹角称为"视角"。人们把满月形容成盘子或者苹果，这都是不恰当的比喻。因为从严格意义上来说，在不同的距离，看向物体的视角也会不同。距离越近，视角越大，距离越远，视角也越小。所以要想准确地回答上面的问题，必须得知道距离有多远。

图59　视角。

很多文学作品在形容远距离物体的大小时，会经常不指明距离的远近，即便是一流的作家，也可能会这么做。其实，这是由人们的心理习惯造成的，在读者看来，物体的印象仍然是模糊的。莎士比亚在其作品《李尔王》中，有这样一段描述：

威廉·莎士比亚（1564~1616），欧洲文艺复兴时期最重要的作家，杰出的戏剧家和诗人，代表作有《奥赛罗》《哈姆雷特》《李尔王》《麦克白》等。

> 我向下看去，一直看到很远的下面，感觉太惊奇了。空中飞行的乌鸦还没有甲虫大。山腰上采草药的那个人，整个身体比一个人的头还要小。海边上行走的渔夫，就像一只小老鼠。岸边的那艘大帆船跟小划艇差不多大，旁边的划艇看上去就像漂在水上的浮标，几乎看不见。

这些描述都是模糊的，它们与观察者的距离是不同的，所以不可能给读者一个清晰的印象。同样的道理，如果用盘子或者苹果来形容月亮，也应该指明它们之间的距离。

跟你想象的不一样，月亮与我们之间的距离要大得多。如果拿一个苹果，并伸出手臂，这个苹果遮住的不仅是月亮，天空也被遮住了一大部分。把苹果用细绳吊起来，你朝着远离苹果的方向后退，一直退到这个苹果刚好把月亮遮住。这时候，我们可以说，苹果和月亮的视大小是相同的。我们还可以计算出苹果与观察者的距离，大概是10米。如果把月亮形容为苹果，相当于把苹果拿到10米远的距离，这时候苹果才和月亮的视大小相同。如果把月亮形容为盘子，这个距离是30米。

读到这里，有的读者可能会觉得不可思议，但确实是这样的。我们看向月亮的时候，视角只有半度大小，对于这么小的角度，我们通常没有直观的印象，即便是稍大一些的角度，比如，1°、2°或者5°，也不会去估计它的大小。只有这个角度比较大的时候，我们才可能注意到它的大小，就像时钟上的指针，我们可以很容易估计出两个指针的夹角，比如，1点的时候是30°，3点的时候是90°等。而且，我们可以不用看表盘上的数字，根据这个角度就可以判断现在是几点几分。但是，对于一些很小的物体，在视角很小的时候，我们是很难估计出它们的视角的。

视角与距离

下面，我们来看一下1°到底有多大。比如，我们让一个身高170厘米的人向我们相反的方向走去，那么他要走到多远的距离，视角才正好是1°呢？我们还是从几何学的角度来分析这个问题。这就相当于我们画一个圆，使1°的圆心角所对应的的弦长正好是170厘米。由于角度非常小，在下面的计算中，我们可以把弦长用弧长来代替，因为它们两个差别不大。

圆心角为1°时对应的弧长是170厘米，也就是1.7米，那么整个圆周的长度就是360×1.7≈610米。我们可以很容易地计算出这个圆的半径是$\frac{610}{2\pi}\approx98$米。也就是说，这个人要离开观察者100米左右，视角才是1°，如 图60 所示。如果距离200米，视角就会只有0.5°。如果距离是50米，这个视角就变成了2°……

同样的道理，如果是1米的竹竿，视角为1°的时候，距离应该是$\frac{360}{2\pi}\approx57$米。如果是看1厘米的木棍，这个距离就是57厘米。如果物体特别大，足有1000米，那么这个距离是57千米。也就是说，我们在看向一个远处物体的时候，如果在它直径57倍的距离上观察，视角正好是1°。记住了

图60　距观察者100米处的视角是1°。

57这个数字,我们可以很容易地进行类似的计算。比如,有一个苹果的直径是9厘米,那么要想视角为1°,它离你的距离就应该是9×57≈510厘米。如果移到10米的距离上,视角就是半度,这跟我们看向月亮的视角相同。在前文中,我们曾经提到过这个距离。

这里的57适用于任何物体。我们可以利用这个数值计算出所有视大小和月亮相同的物体与我们的距离。

月亮和盘子

【**题目**】一只盘子的直径是25厘米。那么在多远的距离上观看,它和月亮具有相同的视大小?

【**解答**】根据前面的分析,我们可以非常容易地计算出这个距离,它就是:

$$0.25 \times 57 \times 2 \approx 28 （米）$$

月亮和硬币

【**题目**】如果将盘子换成两枚硬币,它们的直径分别是25毫米(5分币)和22毫米(3分币),它们在多远的距离上观看,和月亮具有相同的视大小?

【**解答**】

$$0.025 \times 57 \times 2 \approx 2.9 （米）$$
$$0.022 \times 57 \times 2 \approx 2.5 （米）$$

也就是说，在我们看来，月亮跟3分币在2.5米远的时候是一样大的。如果拿一支铅笔作比较，伸直手臂的时候，可以遮住整个月亮。在视大小相同的时候，用苹果或者盘子来形容月亮是不恰当的，最恰当的应该是小豆，或者是大一点儿的火柴头。苹果和盘子只有在很远的距离上才跟月亮有相同的视大小。手里的苹果或者桌子上的盘子看起来比月亮大十几倍呢。火柴头在25厘米的距离上和月亮的视大小是相同的，这时候的视角只有0.5°。

所以说，在人们的眼中，月亮会增大十几倍，这是一种错觉。这种错觉跟月亮的亮度有关，天上的月亮看起来比周围的苹果、盘子或者硬币要亮得多。

艺术家跟我们普通人一样，他们也会有这种错觉。所以，在他们的作品中，常常把月亮画得很大。如果不相信，你可以把这类作品跟月亮的照片对比一下，就会发现它们的差别。

刚才我们讨论了月亮。其实，对于太阳，也是同样的情形。我们观察太阳的时候，视角也是0.5°。这是因为，太阳的直径比月亮大400倍左右，而它跟我们的距离正好是月亮跟我们距离的400倍。

电影拍摄中的特技镜头

为了使读者对视角有一个更清晰的认识，下面我们再来看看电影中的一些场景。

在一些电影中，我们常常会看到这样一些镜头：火车相撞、汽车在海里面行驶，等等。我们当然不会相信这是真实场景，那么它们是怎么拍摄的呢？

这些场景就是电影中一些特效镜头的拍摄方法。我们看电影的时候，根本感觉不出来是搭建的场景，还以为是真的火车或者汽车。

如图61和图62所示，其实，产生这种错觉的原因并不复杂。在拍摄的时

图61　电影中的"火车事故"。

图62　在海底行驶的汽车。

候，摄像机距离这些场景非常近，所以在电影中，它们看起来的视角跟真实的火车或者汽车是一样的。这就是秘密所在。如图63所示，这是电影《鲁斯兰与柳德米拉》中的一个镜头，骑在马上的鲁斯兰身材非常小，而旁边的人头却很大。这是因为，在拍摄的时候，人头距离摄像机很近，而骑马的鲁斯兰却在远方。

图63　电影《鲁斯兰与柳德米拉》
中的镜头。

图64所示的情形也是一样。图中的景象好像回到了古地质时代，风景很是奇特：跟苔藓似的大树异常高大，上面垂下巨大的水滴，旁边还有一只虱子模样的巨兽。这些场景都是在特定的视角下拍摄的。我们很少以这么大的视角去观察苔藓或者水滴，所以照片上的景象才会给我们这种震撼的感觉。如果把这张照片缩小到一只蚂蚁那么大，上面的苔藓等景象才跟我们平常看到的一样。

在一些造假的新闻中，也是利用了这种手法。有一则新闻责怪政府不作为，街

图64　特效实物照片。

图66　雪山对比图。

图65　雪山。

道上堆满了大量的积雪，并且还附上了照片，如图65所示。后来，人们对新闻中的场景进行了调查，才发现照片中的场景其实就是一个很小的雪堆。如图66所示，记者是在非常近的距离上以很大的视角拍摄的照片。这只是一个恶作剧而已，并不是真的有那么大的雪堆。

据说，那份报纸上还刊登了另一幅照片，在山岩上有一个很宽的缝隙，并附文说：这是一个地下室的入口，里面空间非常大，有一些探险家为了进去一探究竟，都失踪了。这则报道引起了一些志愿者的兴趣，他们想去营救探险家，最后却发现，那里哪儿是什么地下室，只不过是在墙壁上的一个隐约可见的小缝隙而已，宽度顶多1厘米。

人体测角仪

现在，我们来说一下测角仪。跟前面提到的测高仪和测距仪一样，测角仪也可以由我们自己制作，只需要一个分角器就可以了。但是，如果是在荒郊野外，我们不可能随身携带测角仪，该怎么办呢？我们可以利用大自然赋予我们的"身体测角仪"。其实，这个测角仪就是我们的手指，我们可以用这个"测角仪"粗略估计一下视角的大小，不过，需要事先做一些准备工作。

当我们伸直手臂的时候，我们的手指距离眼睛的距离大概是60厘米，而普通人的食指指甲大概宽1厘米，根据前面学到的知识，我们可以知道，当我们看向这时候的食指指甲时，视角大概为1°（严格地说，比1°还要稍小一些，前面已经分析过，在57厘米处的时候视角才是1°）。读者朋友也可以自己测量一下，会对这一问题有更深刻的印象。而且，每名读者手指指甲的大小也不一样，通过测量，可以找到到底哪一个手指指甲在这段距离上的视角是1°，然后以这个手指的指甲作为标准。

准备好了这些之后，我们就可以不带任何东西，测量远处物体的视角了。当你看向远方物体的时候，如果你伸直手臂，食指指甲正好遮住了物体，那么你看向物体的视角就正好是1°。也就是说，这个物体离你的距离是它大小的57倍。如果你的指甲只遮住了物体的一半，那么你看向物体的视角就是2°，它跟你的距离就是物体大小的28.5倍。

满月的时候，只要半个指甲就可以把月亮遮住，所以看向它的视角就是0.5°。也就是说，月亮跟我们之间的距离大概是其直径的114倍。

如果视角比较大，我们可以借助大拇指上面的第一节指进行测量。一般来说，成年人这节指节大概长3.5厘米。看向远处物体的时候，把这节指节弯曲，与下面一节成直角，并伸直手臂，这时候拇指离眼睛的距离大概是55厘米。根据前面的知识，我们很容易可以得出这时候的视角大约是4°，所以可以用这节关节测量出视角为4°的物体。

除了前面提到的指甲和指关节外，我们还可以用手指来测量视角的大小，向前伸出手臂，把食指和中指叉开，这时候两个手指间的视角大概是7°~8°。如果叉开拇指和食指，这时候的视角是15°~16°。读者朋友不妨自己计算一下，看看是不是这样的。

刚才，我们说了很多种方法，可以用指甲、关节或者手指来测量物体的视角，进而测量出它的距离。比如，你在旅游的时候，看到远处有一辆货车，这时候就可以伸出手臂，测量一下它的视角，结果发现拇指上关节的一半正好可以把这辆货车遮住，这时你看向它的视角是2°。一般来说，货

车的长度大概是6米，所以它跟你的距离大约是6×28.5≈170米。当然了，这些数据都是估计出来的，会与真实值有一定的差距，但是比肉眼直接估计要可靠多了。

讲到这里，要顺便说一下，仅仅利用我们的身体，也可以作出一个直角来。

有时候，我们需要用到垂线或者直角，但是手边又没有工具，该怎么办呢？比如，我们要作某一个方向的垂线。这时，我们可以站到那个点上，沿着这个方向看过去，然后保持头部不动，抬起一只手，伸向要做垂线的方向，竖起大拇指，再把头转向垂线的方向，通过拇指看向远处。如果抬起的是右手，就把左眼闭上，只用右眼看向被拇指遮住的物体。那么从这个站立点到刚才遮住的那个物体作垂线，就是需要的那条垂线。只要多加练习，你就会发现，利用这一方法画出的垂线几乎跟使用"垂线测定仪"一样准确。

利用身体测角仪，我们还可以测量出天上的星星跟地平线之间的夹角，甚至可以测出星体之间距离的角度。此外，如果我们想画一个地形图，也可以利用刚才提到的画垂线的方法。

如图67所示，这是一个小湖平面图的画法。先测量出长方形ABCD每个边的长度，然后从湖边各个变化显著的点向长方形的边引垂线，并测量出垂线的长度，这些垂线会跟长方形的边相交，测量出这些交点到顶点的距离，就可以画出小湖的平面图了。总之，学会了这些方法之后，如果我们再去郊外游玩，就可以避免陷入险境。

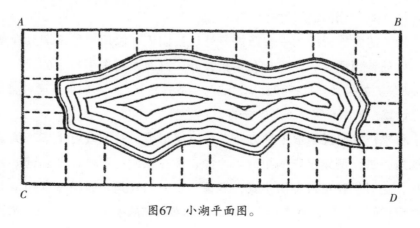

图67　小湖平面图。

前面我们讲到了"身体测角仪"。跟仪器相比，它的精确性要差一些。如果你的要求比较高，可以自己制作一个真正的"测角仪"，制作方法很简单。据说，这个仪器是由雅科夫发明的，所以人们又把这个仪器称为"雅科夫测角仪"，如 图68 所示。直到18世纪，航海家们还一直使用这种仪器来测量角度，直到后来发明了"六分仪"后，它才退出历史舞台。

雅科夫测角仪

一般来说，这种测角仪有70厘米～100厘米长，是由两根相互垂直的木棒AB和CD组成，木棒CD是活动的，可以前后移动，点O是CD的中点。现在，我们用这个测角仪测量一下S星和S′星的角距。为了便于观测，可以在测角仪的点A装一片铁片，并在中间钻一个小孔。把点A贴在眼睛的前面，看向S′星，使木棒AB对准S′星。然后，前后移动木棒CD，使点C正好挡住S星。那么，只要测量出AO的长度，就可以得出角SAS′的大小。根据三角形的知

图68　雅科夫测角仪
和使用方法。

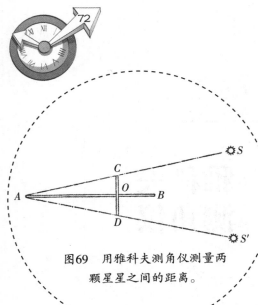

图69　用雅科夫测角仪测量两
颗星星之间的距离。

识，我们可以求出这个角的正切值为$\dfrac{CO}{AO}$。 根据勾股定理，可以求出AC的长度，然后就可以找出正弦为的$\dfrac{CO}{AC}$角。

讲到这里，有的读者可能会问，为什么木棒CD要做得那么长呢？在刚才的例子中根本没有用到点D。但是，如果测量的角度比较小，就要用到它了。如 图69 所示，这时，我们不是用木棒AB对准S'星，而是移动木棒CD，使点D正好对准S'星，点C对准S星。这样，就可以测量出角SAS'的大小了。

在实际使用过程中，可以事先把一些测量结果标在木棒AB上。这样，在测量的时候，就不用每次都画图或计算了。只要把测角仪对准两颗星，就可以从标记的数值读出它们的角度了。

钉耙式
测角仪

如 图70 所示，这是另一种测角仪，制造起来也非常简单，形状很像一个钉耙，所以我们把它称为"钉耙式测角仪"。这个测角仪主要是由一块儿木板组成，一端装着一块儿铁片，铁片上有一个小孔。观察就是通过这个小孔进行的。在木板的另一端，钉着一排大头针。每两个相邻大头针之间的距离正好等于它们到铁片

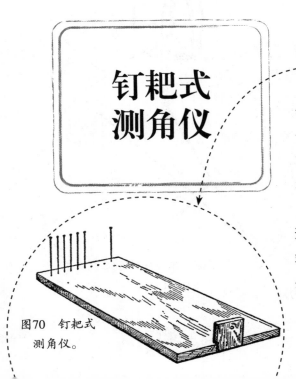

图70　钉耙式
测角仪。

之间距离的 $\dfrac{1}{57}$。根据前面的分析，我们知道，如果从小孔看过去，每两个相邻大头针之间的视角正好等于1°。其实，我们还可以用下面的方法来安放大头针，这样更精确。先在墙上画出两条平行的直线，它们的距离是1米，然后沿垂直方向向后退57米，这时候从铁片上的小孔看过去，每两个相邻大头针的位置，就会正好挡住墙上的两条平行直线。

我们还可以去掉上面的一部分大头针，使每两个相邻大头针构成的视角是2°、3°或者5°。至于如何使用这个测角仪，我想读者已经知道了，这里就不介绍了。通过这种测角仪，可以非常精确地测量出不小于0.25°的视角。

炮兵使用的测角仪

在发射炮弹的时候，炮兵是怎么做的呢？不会是乱打一气吧！

炮兵是这么做的：在被告知或估计出目标的高度之后，他们先计算出目标跟地平线的夹角，然后计算出跟目标的距离。打完这个目标后，就要转向下一个目标，这时候还需要计算出炮筒转动的角度。

在进行上面的计算时，炮兵们的速度非常快，而且一般是用心算进行的。

如图71所示，线段AB是以OA = D作为半径的圆上的一段弧，ab是以Oa = r作为半径的圆上的一段弧。

所以，扇形AOB和扇形aOb是相似的，所以，有下面的比例关系：

$$\frac{AB}{D}=\frac{ab}{r}, \quad AB=\frac{ab}{r} \times D$$

算式中，$\dfrac{ab}{r}$ 代表视角AOB的大小。根据这个比例关系，就可以在已知D值的情况下求出AB的值，或在已知AB值的情况下求出D的值。

73

图71　炮兵测算角度示意图。

炮兵们在使用这个计算方法时，将其进行了简化，他们不是把圆周分成360等份，而是分成6000等份。这时候，每一等份大概等于半径长度的 $\dfrac{1}{1000}$。

在图71中，我们假设弧 ab 是圆 O 的一个划分单位，那么这个圆周的长度就是 $2\pi r\approx 6r$，弧长 $ab\approx\dfrac{6r}{6000}=\dfrac{r}{1000}$。在炮兵的术语中，把这一单位称为一个"密位"。于是可知：

$$AB\approx\frac{0.001r}{r}\times D\approx\frac{D}{1000}$$

也就是说，测角仪中每一"密位"对应的 AB 的距离，就相当于把距离 D 的小数点左移3位。

在炮兵们用口语或者电讯信息下达命令、传送察测结果的时候，通常将这种度数用电话号码的读法来读。比如说，105"密位"读成"一〇五"，写法是"1—05"，8"密位"读成"〇〇八"，写法是"0—08"。

有了前面的知识，我们就可以非常容易地解答下面的这个题目了。

【题目】从反坦克炮上看过去的时候，在0—05密位下看到了敌方的一辆坦克。假设坦克高2米，那么它的距离是多少？

【解答】根据已知条件，5密位相当于2米，那么1密位对应的弧长就等于 $\frac{2}{5}=0.4$ 米。

根据前面的分析，测角仪的每一密位相当的弧长等于距离的 $\frac{1}{1000}$ ，所以这辆坦克的距离是这段弧长0.4米的一千倍，也就是：

$$D=0.4 \times 1000=400（米）$$

如果指挥员或者侦察员没有带测角仪，他还可以用手掌、手指或者其他手边的任何东西。只不过，这需要把测量出的值换算成"密位"，而不是一般的度数。

几种常见物体的密位近似值

物 品	密 位
手掌	1—20
中指、食指或无名指	0—30
圆铅笔的宽度	0—12
三分硬币的直径	0—40
火柴的长度	0—75
火柴的宽度	0—03

测量出远处物体的视角大小，就可以用它来测验视力。下面，我们就来看看是怎么测验的。

如 图72 所示，找一张白纸，在上面画出等间隔的20条线段，每条线段的长度是5厘米，粗1毫米，并使这些线段正好组成一个正方形，然后把这张纸贴到光线比较好的墙上，就可以进行测验了。远离白纸向后退，直到看不清楚两条线段之间的差别，感觉这些线段就好像一片灰色一样。这时候，测量出你跟墙之间的距离，并且

视觉的灵敏度

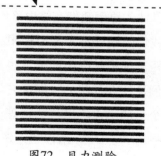

图72　目力测验。

计算出这时候的视角大小。如果计算出的视角是1′，那么就表示你的视力是正常的。如果是3′，就表示你的视力只有正常值的$\dfrac{1}{3}$。

【题目】在图72中，如果在距离白纸2米的地方，感觉上面的线段混成一片，那这个人的视力正常吗？

【解答】我们知道，白纸上线段的宽度是1毫米，也就是说，如果在57毫米处看它，视角正好是1′，也即是60′。那么，现在的距离是2米，也就是2000毫米，假设这时候的视角为x，那么：

$$x : 60 = 57 : 2000, \quad x \approx 1.7'$$

这个人的视力不正常，只有正常视力的$\dfrac{1}{1.7} \approx 0.6$。

视力的极限

刚才我们谈到，如果视角小于1′，正常视力的眼睛是不能辨别的。对于其他物体而言，也是一样的。不管远处物体的轮廓线条是什么样的，如果视角小于1′，都不可能用正常视力的眼睛辨别出来。这时候，对人眼来说物体的形状只是一个点，根本看不清是什么形状，更不用说大小了。也就是说，我们正常视力的极限是1′，这是由我们眼睛的构造决定的，具体的原因我们在这里不作解释，只从几何学的角度分析。

我们眼睛的视力是有极限的，不仅对距离很远却很大的物体会这样，对那些距离很近却很小的物体也是一样的。比如，细小的微尘，我们根本看不清它们是什么形状的，即便它们离我们很近也不行，在我们的眼中，它们都是一个个的小点。同样的道理，对那些很小的昆虫，我们看向它们的时候，由于视角小于1′，所以也无法辨别它们的肢体模样。对太阳或者月球等星体而言，如果没有望远镜，我们根本看不清它们表面的具体形态。

如果我们的视力极限不是1′，而是更小，那么呈现在我们面前的世界就会是另一个样子，我们可以看得更深更远，跟"千里眼"一样。在一些文学作品中，有时候会写到这样的情形，比如，契诃夫的小说《草原》，就有这样的描写：

安东·巴甫洛维奇·契诃夫（1860~1904），俄国的世界短篇小说巨匠，代表作有：《变色龙》《套中人》《小公务员之死》等。

瓦夏的眼睛很尖，他可以看得非常远，我们看到的只是荒芜的草原，但在他眼中，那里充满了生命和活力。他可以看到远处飞行的大雁，奔跑的狐狸、野兔，或者别的什么远远的动物。如果距离比较近，我们当然也可以看到这些动物，但是即便看到了，不见得每个人都可以看到其中的一些细节。瓦夏却可以看到这样的景象：狐狸在嬉笑打闹，野兔在用小爪子洗脸，大雁在啄翅膀上的羽毛，甚至正在破壳而出的小燕子。由于瓦夏的眼睛非常尖，他看到的世界比我们看到的有意思多了。我想，他眼中的世界一定很美，因为他经常看着看着就入迷了，真是令人嫉妒。

如果你也想把眼睛变得这么尖，只需要把我们眼睛视力的极限从1′提高到0.5′就行了，这似乎并不是一件困难的事。

望远镜和显微镜能够看清楚物体的细节，就是基于这样的原理。这种仪器可以改变被观察物体发出光线的路径，从而使得这些光线以较大的角度进入我们的眼中，也就是说，物体的视角在进入眼睛的时候变大了。

我们说一个显微镜或者望远镜的放大倍数是100倍，就是说，我们可以用100倍于眼睛的视角来看物体。这时候，我们就会突破视力的极限，看清楚物体的很多细节。我们知道月球的直径大概是3500千米，而我们看到满月的视角是30′。对于月球上$\frac{3500}{30}$千米，即120千米长的物体，如果不用任何仪器，只用肉眼观察，这个物体只是一个黑点而已。但是，如果我们用100倍的望远镜观察，就可以分辨月球上$\frac{120}{100}$千米，即1.2千米长的物体，如果用更大倍数的望远镜，比如1000倍，我们就可以看清长度为120米的物体。所以我们

可以说，如果月球跟地球一样，上面也有工厂或者海轮的话，我们就可以用这种望远镜看到它们了。

我们的视力极限是1′，这可以解释我们日常生活中的很多现象。我们视力的这一特点，决定了我们在看远处物体的时候，如果距离达到了它大小的3400（57×60）倍，我们是没有办法看清楚它的，我们只能看到一个点。所以，如果有人对你说，他在250米的距离上用肉眼看到了一个人的脸孔模样，你完全可以说他在撒谎，除非他有超能力，否则这是不可能实现的。这是因为，我们两只眼睛之间的距离一般是3厘米，也就是说，在3×3400厘米，即100米的距离上，两只眼睛会连在一起，变成一个点。炮兵就是利用这个原理来目测距离的，在他们的理论中，如果远处那个人的眼睛是两个分别的点，那么他的距离就肯定在100步（70米）之内。刚才我们计算出的100米是对于视力正常的人而言。这里的100步则包括了一些视力稍差的人的可视范围。

【题目】对于视力正常的人来说，如果拿一个放大倍数是3倍的望远镜观察，他能否看清距离10千米处的骑马人？

【解答】前面我们说过，骑马人的高度大概是2.2米，那么在2.2×3400米≈7000米的距离上，这个人就会变成一个点。望远镜的放大倍数是3，也就是说，这个距离将会变成7×3，即21千米。所以，在10千米的距离上看这个骑马人，是可以看清楚的。

从地平线上看到的月亮和星星

我们可能都有过这样的印象，当一轮满月还没有升高的时候，它看起来比较大，而当它升到了空中，看起来则似乎小了许多。太阳也是一样，在它刚刚升起或者将要落山的时候，跟它在高空中相比，显得要大一些。

那么，星星呢？它们的情形是这样的：当星星靠近地平线的时候，星体

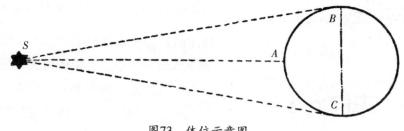

图73 体位示意图。

间的距离似乎变大了。如果你仔细观察过天上的猎户座，一定会发现，在不同的位置上，它们的大小差异非常大。

不仅如此，在星星靠近地平线的时候，它们好像离我们更远了，而不是离我们更近，如图73所示。实际上，它们根本没有任何变化，这只是我们的错觉罢了。如果借助钉耙式测角仪或者其他测角仪，我们就会发现，它们不管在什么位置，视角大小都是一样的，也就是0.5°。同样的道理，利用测角仪，我们一样可以测出星体之间的角距离，不管它们在高空中，还是在靠近地平线的位置，视角都没有变化。所以，我们可以说，所谓的"变大"只不过是我们的错觉罢了。

那么，该怎么解释我们眼中的这一错觉呢？其实，直到今天，科学家们也没有找到一个最合理的解释。从人们发现视觉有错觉的那一天起，人们就一直想找到原因，已经有2000多年了。不过，这一错觉跟下面的看法有一定的关系。在我们看来，头顶的天穹好像不是一个半球面，而是一个截球面，它的高度比较低，只有底面半径的 $\frac{1}{3}$ ~ $\frac{1}{2}$。为什么会有这种感觉呢？这是因为，我们在看向水平方向上的距离时，会感觉比竖直方向上的距离大。在水平方向上，我们使用平实的眼光来看物体，而在其他方向上，我们需要抬高或降低眼光来看。如果躺在地面上，我们就会发现，高空中的月亮比地平线附近的月亮要大。说到这里，又遇到了一个问题，为什么我们观察物体的时候，它看上去的大小决定于眼睛的观察方向呢？关于这一点，可能连生物学家也解释不清楚。

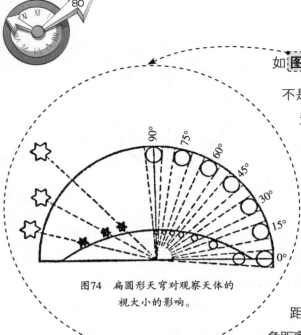

图74　扁圆形天穹对观察天体的
视大小的影响。

如 图74 所示，由于天穹看上去是扁圆的，而不是浑圆的，所以会影响我们不同观察位置上天体的大小。空中的月亮，不管它在什么位置，我们看向它的视角都是0.5°，但是我们以为月亮在不同的位置跟我们的距离是不一样的。在我们眼中，月亮在顶上的时候要比靠近地平线的时候近。所以，我们就以为它的大小也是不同的。如图74的左边，星星在靠近地平线的时候，它与人眼之间的距离好像增大了一样，它们之间本来相同的角距离也好像变得不一样了似的。

还有一点让我们产生了怀疑。那就是，地平线上的太阳或者月亮比高空中大。可是，为什么在地平线附近的时候，我们并没有从它们上面看到任何东西呢？哪怕是斑点或者线纹，我们也没看到。它们不是被放大了吗？这是因为，这种视觉上的错觉，跟用放大镜放大的原理是不一样的，看向它们的视角并没有变大。要想看到上面的新事物，必须增大视角。这些所谓的"放大"，只是我们眼睛的错觉罢了。

月亮影子的长度

其实，视角还可以被用来解决一些其他的问题。我们知道，空间中的任何物体都会在空间投下阴影，星体也是一样。比如，月亮在宇宙空间中有一个圆锥形的阴影，这个阴影一直伴随着它。

这个阴影的长度到底是多少呢？

要解答这个问题，不需要根据三角形的相似关系画出它们的直径，做一些复杂的图形，再列出来一些比例关系。方法其实很简单，只要用视角就可以很容易地计算出来。假设我们的眼睛正好在这个圆锥形阴影的顶点，从这个顶点看向月球，我们会看到什么呢？这时候，月球应该刚好遮住了整个太阳，而且月球也变得一片漆黑。在前文中提到过，我们看向太阳或者月亮的视角是0.5°，以这么大的视角看向物体，物体跟我们的距离就是它的直径的$2 \times 57 = 114$倍。所以，月球的阴影顶端跟月球的距离是114个月球的直径。也就是说，月球阴影的长度是：

$$3500 \times 114 \approx 400000（千米）$$

而我们知道，月球距离地球38多万千米，所以月球阴影的长度比它到地球的距离要长一些，这也是日全食产生的原因。

刚才我们讲了月球，那么地球呢？它的阴影长度是多少呢？这也很容易计算出来。我们假设地球阴影的顶端视角也是0.5°，那么地球阴影的长度与月球阴影之比就等于地球直径跟月球直径的比值，也就是4∶1，因此地球阴影的长度是月球的4倍。

同样的方法，我们可以计算出空间中一些比较小的物体影子的长度。比如说，空中的气球，如果它的直径是36米，那么，它的圆锥形影子的长度就是：

$$36 \times 114 \approx 4100（米）$$

云层距离地面有多高

当飞机在高空中飞行的时候，有时候会在飞机尾部形成一长串的白烟，很多读者一定也看到过这个情况。这串白烟是飞机在空中留下的印记，表明它切实在空中出现过。

这种白烟，是由于高空中的空气阴冷、潮湿并且尘埃比较多才产生的。

飞机在飞行的时候会从发动机中喷出一些细小的微粒，它们是燃料燃烧后的产物。它们把水蒸气聚集到一起，就形成了云。

如果可以的话，我们只要测量出这些云在消散之前的高度，就可以知道飞机的飞行高度。

【题目】怎么测量这些云的高度呢？测量的时候是否必须在它的正下方呢？

【解答】要想测量出云层的高度，需要利用两架照相机帮忙。在以前，照相机还不是很普遍。那时候，照相机对人们来讲，简直是太复杂了。在本题中，要求这两架照相机的焦距必须相同，它们的数值在镜头上就能读出来。

准备好了相机之后，我们把它们架到两个同等高度的地方，至于它们之间的距离，要保证每个地方的测量者可以用肉眼或者望远镜看到对方。如果在野外的话，可以借助三脚架来固定照相机，如果在城市里面，可以把照相机放在楼顶的平台上。

根据地图或者地形图，我们可以测出这段距离基础的长度。然后，让两架相机的光轴保持平行，比如，让它们的镜头都对准天空。

当需要测量的云层到达其中一架照相机的视野中时，操作这架照相机的人发出信号，通知另一处的测量者，两人同时按下照相机的快门拍下照片。

如果严格按照刚才的要求做，得到的两张照片的大小应该跟底片完全相同。如 图75 所示，在照片上，连接它们对应边的中点，即 XX 和 YY。

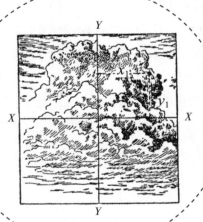

图75　与底片完全一样的两张云的照片。

在每一张照片中，选出云层的某片共同部分，测量出它跟直线 XX 和 YY 的距离，用 x_1 和 y_1 代表上边照片中的这两段距离，用 x_2 和 y_2 代表下边照片中的这两段距离。

假设我们刚才选的这个地方，在上边那张照片中直线 YY 的右边，在下边照片中直线 YY 的左边。那么，云层的高度 H 就是：

$$H = b \times \frac{F}{x_1 + x_2}$$

这里的 b 是基距的长度（米），F 是焦距的大小（毫米）。

如果在两张照片中，选取的这一点都在直线 YY 的同一边，那么云的高度 H 就是：

$$H = b \times \frac{F}{x_1 - x_2}$$

在计算云层高度的时候，不需要知道 y_1 和 y_2 的大小，但是可以用它来比较两张照片，看照片拍得是否精确。

如果在拍摄这两张照片的时候，它们的底片装得很严密并且严格对称，那么两张照片中的 y_1 和 y_2 就应该是相等。但在实际中，很难做到这一点。

如果镜头的焦距 F 是135毫米，两个相机的基距 b 是937米，在两张照片中测量出的各个数值是下面的情况：

$x_1 = 32$（毫米） $y_1 = 29$（毫米）

$x_2 = 23$（毫米） $y_2 = 25$（毫米）

那么，云层的高度就是：

$$H = b \times \frac{F}{x_1 + x_2} = 937 \times \frac{135}{32 + 23} \approx 2300 \text{（米）}$$

也就是说，照片所拍摄的那片云到地面的距离大约是2300米。

如果读者感兴趣，可以利用

图76 推导一下刚才的公式。

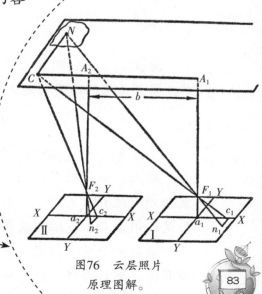

图76　云层照片原理图解。

图76画出了一个立体空间（关于空间的知识，在立体几何中介绍）。图中的Ⅰ和Ⅱ分别代表两张照片，F_1、F_2分别代表两个相机物镜的光心，N是云层上的一点，n_1、n_2是点N在照片上成的像，a_1A_1、a_2A_2是从照片的中点引向云层平面的垂线，$A_1A_2=a_1a_2=b$，b是基距。

先来看第一张照片的情形，假设A_1是云层平面上的一点，从这一点引一条直线A_1C，使A_1C垂直于CN，也就是说，点C是直角三角形A_1CN的顶点，那么，直线F_1A_1、A_1C、CN就相当于相机的焦距$F_1a_1=F$，$a_1c_1=x_1$，$c_1n_1=y_1$。

对于第二张照片，可以得到同样的结论。

根据相似三角形的性质，可以得到：

$$\frac{A_1C}{x_1}=\frac{A_1F_1}{F}=\frac{CF_1}{F_1c_1}=\frac{CN}{y_1}\ ,\quad \frac{A_2C}{x_2}=\frac{A_2F_2}{F}=\frac{CF_2}{F_2c_2}=\frac{CN}{y_2}$$

因为$A_2F_2=A_1F_1$，比较上面的比例关系，可以得到：

$$y_1=y_2,\quad \frac{A_1C}{x_1}=\frac{A_2C}{x_2}$$

由图76，我们有$A_2C=A_1C-b$，所以：

$$\frac{A_1C}{x_1}=\frac{A_1C-b}{x_1}$$

所以：

$$A_1C=b\times\frac{x_1}{x_1-x_2}\qquad A_1F_1=b\times\frac{x_1}{x_1-x_2}\approx H$$

如果n_1、n_2分别在直线YY的两边，也就是点C在点的两边A_1、A_2，那么云层的高度就是：

$$H=b\times\frac{x_1}{x_1-x_2}$$

刚才的这两个公式，只有照相机的光轴对准天顶的时候才成立。所以，如果云层距离天顶比较远，没有在照相机的视野之内，就必须对照相机进行一下改进，比如，可以让它们瞄准水平方向，但是必须垂直于基距，或者沿着基距的方向。

还有一点需要注意，就是在测量之前，要先制作照相机位置的分布图，然后再推导出云层的计算公式。

说到云层，我们还可以利用它来预报天气。如果你在白天看到了一些羽毛状的高云，并且每隔一段时间，它们就会下沉一定的高度，说明要变天，过几个小时就要下雨了。

利用这个方法，我们还可以测量出空中气球的高度。

根据照片计算出塔高

【题目】利用照相机，我们不仅可以测量出云层和飞机的高度，而且还可以测量出地上的一些高大建筑物的高度，比如，铁塔、电线杆、瞭望塔等。

如 图77 所示，这是一座风力发电机，它的塔底是正方形的，每一条边的长度都是6米。你可以根据这张照片，计算出它的高度吗？

【解答】我们知道，照片反映的是物体的真实形状，所以它也真实地反映了物体的几何形状。在这张照片中，发电机架的高度跟底边的比例关系与实际情况是一致的。根据照片，我们可以测量出，底边的长度是23毫米，而整个发电机架的高度是

图77 风力发动机。

71毫米。而塔底每边的长度是6米，所以它的对角线长度是：

$$\sqrt{6^2+6^2}\approx8.48（米）$$

所以发电机架的高度就是：

$$8.48\times\frac{71}{23}\approx26（米）$$

85

需要说明的是，如果利用照片来计算物体的高度，必须保证照片中的物体跟实际物体的比例一致，否则，利用这样的照片计算出的高度是不准确的。

下面，我们给出一些题目，读者朋友可以根据前面的知识，试着自己解答一下。

Q_1：在远处站着一个人（身高1.7米），你看向他的时候视角是12′，你们两个距离有多远？

Q_2：远处有一个骑马的人（高2.2米），你看向他的视角是9′，你们两个距离有多远？

Q_3：电线杆的高度是8米，你以22′的视角看见它，求你跟它之间的距离。

Q_4：一座灯塔高42米。从一艘船上看它，视角是1°10′，请问灯塔跟船的距离是多少？

Q_5：在月球上看地球，视角是1°54′，求月球到地球的距离。

Q_6：从2000米处看一座大厦，视角是12′。求这座大厦的高度。

Q_7：已知地球跟月球的距离是380000千米，从地球上看向月球的视角是30′，那么月球的直径有多大？

Q_8：老师在黑板上写字，那么字要写得多大，才能使学生在看的时候感觉跟书桌上距离25厘米的书上的字迹一样清楚？假设学生到黑板的距离是5米。

Q_9：一架显微镜的放大倍数是50倍，如果用它来看人体里直径为0.007毫米的血球，能否看清楚？

Q_{10}：如果月球上也有人，并且和我们的身材一样高，那么如果从地球上看他们，想要清楚辨别出他们，需要多大倍数的望远镜？

Q_{11}：1°是多少"密位"？

Q_{12}：1"密位"是多少度？

Q_{13}：在我们观察方向的垂直方向上，一架飞机在飞行，它在10秒的时间里飞过的角度是300"密位"，假设你跟它的距离是2000米，那飞机的速度是多少？

Chapter 4
路途中的几何学

怎样步测距离

当我们在铁路边或者公路上散步时，也会遇到需要用到几何学知识的时候，而且运用起来很有意思。

利用公路，我们可以测量出自己的步幅和速度到底有多大。以后再遇到测量距离的问题，我们就可以用自己的脚去丈量了。只要多做几次，我们就可以很熟练地运用这一技巧。其实，这个技巧就是，不管在什么时候，我们总是保持一定的步行速度和步幅大小。

在公路上，每隔100米的距离就会有一个路标。我们可以按照自己平常的速度和步幅走完这100米的距离，看看走了多少步，花了多少时间。你可以每年测量一下这一数值，因为过一段时间，特别是如果你还是一个未成年人，你的步幅和速度就可能会发生变化。

通过很多次这样的实验，我们能得到一个结论：一个普通成人的平均步幅，也就是每一步的长度，等于他的眼睛距离地面高度的一半。也就是说，如果一个人的眼睛跟地面的距离是160厘米，那么他的步幅大概是80厘米。读者朋友可以自己测量一下，看看是不是这样。

刚才，我们还提到了步行的速度，很多时候，这一数值会给我们很大的帮助。多次实验得出的结论是，一个人每小时走过的距离（单位为千米），正好跟他在3秒钟的时间里走的步数相等。也就是说，如果一个人在3秒的时间里走了4步，那么这个人每小时的速度就是4千米。当然了，这里每一步的长度是在某个特定范围内的，我们可以把这个长度计算出来。假设每一步的长度是x米，在3秒的时间里走的步数用n表示，那么：

$$\frac{3600}{3} \times n \times x = n \times 1000$$

即：

$$1200 \times x = 1000$$

所以：

$$x = \frac{5}{6} \text{（米）}$$

也就是80厘米～85厘米。这样的步幅已经算比较大的了，只有个子比较高的人才可能步幅这么大。如果你的步幅没有这么大，那你可以用别的办法来测量步行的速度。比如，用一只秒表计时，看你在两个路标间走了多长时间，然后计算出步行的速度。

测量距离的方法有很多，除了使用卷尺和脚步丈量外，我们还可以直接用眼睛估计出来，也就是目测法。我们需要长期地练习，才能估计得比较准确。这种方法很有趣，我上学的时候，经常跟同学作比赛，看谁估计

目测练习

得最准确。有时候，我们去郊游，只要到了视野开阔的公路上，我们的比赛就开始了。先从远处找一棵树，然后开始比赛：

"嗨，你说那棵大树离我们有多少步？"一个同学问道。

其他同学就会分别说出一个数字，然后一起测量，最后看谁说的数字跟真实值最接近，这个人就是胜利者，接着由他指定另一棵树，继续比赛。

在每次比赛中，胜者计1分，一共猜10棵树，最后计算每个人所得的分数，得分最高的就是冠军。

开始的时候，大家估计的数字跟实际值差得很远，但是几次之后，我们慢慢掌握了目测的技巧，估计出的数值跟真实值就非常接近了。但是，如果地形比较复杂，比如，在旷野中，那里树林比较稀疏；或者在晚上，灯光比

较昏暗；或者在布满灰尘的街道上，误差还是非常大的。之后，在这样的环境中，我们又进行了几次比赛，最后竟然也能估计得比较准确了。后来，不管是在什么环境下，我们每个人都可以估计得比较准确了，慢慢地，我们对这个比赛失去了兴趣，因为它已经没有挑战性了。这个比赛给我们的好处就是，我们学会了一种很好的能力，练就了一双好眼睛，这对以后的郊外旅行起了大作用。

还有一点非常有意思，这种能力跟视力没有任何关系。我记得，当时有一个同学，他是近视，但他在目测能力方面丝毫不逊色于那些视力正常的同学，有时候甚至比他们做得还好。相反，有一个视力正常的同学，不管他怎么努力，都不能很好地掌握这门技巧。后来，我们还用目测法来测量大树的高度，也估计得非常准确。参加工作之后，我也经常发现这样的现象，近视的人在目测方面的能力一点儿也不比那些视力正常的人差。所以，即便读者朋友是近视，也一样可以训练出这种能力来。

这种能力可以在任何时候、任何季节里进行训练。比如，你正在马路上走，可以给自己出一些目测的题目，目测前方的路灯或者垃圾桶有多远都可以。当你一个人无聊的时候，这种练习也是一个很好的消磨时间的方法，而且还训练了目测能力。

在军队中，这种能力也很有用。优秀的侦察员、炮手都必须掌握这种技巧，所以他们在日常训练中，总结了很多方法和技巧。在这里，我们从他们的教程中摘录了一些：

目测距离的判断，可以根据不同距离上物体的清晰程度，也可以根据眼睛的习惯，在100步～200步内，距离越远，物体就会显得越小。如果根据物体的清晰程度进行判断，需要注意以下几点：如果光线比较好，或者物体的颜色比背景颜色突出，或者物体的位置比较高，或者是成群的物体，它们看起来都会比较大。

下面这些数据可以作为参考：

50步之内，可以看清人的双眼和嘴巴。

100步之内，人的双眼只是一对黑点。

200步之内，可以辨清军装上的纽扣。

300步之内，可以辨认人脸。

400步之内，可以看清人的脚步。

500步之内，可以看清服装是什么颜色。

利用上面的数据，视力非常好的人的目测距离误差可以控制在10%之内。

在下面的情形下，误差会变大。

第一种情况：在一片平坦的地面上，整个环境的颜色差异非常小。比如，在宽阔的河面（湖面）上，或者在沙漠里，或者在一望无垠的草原上，目测距离比真实值要小，误差可达1倍，甚至更多。

第二种情况：目测的物体下端被铁轨的路基、小丘陵、或者其他突出物遮挡了，误差也会变大，如图78所示。这时候，人们通常会误认为物体在突起物之上，而不是在它后面，所以目测出的距离比实际距离要小。

在前面提到的这些情况下，目测法的准确性会大打折扣，这就需要采取其他方法测量距离。后面，我们还要介绍一些其他的方法。

图78　丘陵后面的一棵树，看起来离得很近。

铁轨的坡度

如果你曾经沿着铁轨的路基走过，肯定看到过标有千米数的路标，但是你看见过 图79 所示那样的牌子吗？上面的数字又代表什么意思呢？

其实，图中的牌子是铁路上的"坡度标志"。先来看一下图中左边的指示牌，图中上面的0.002的意思是，在这一路段上铁路的坡度是0.002，也就是说，在这段路中，每隔1000毫米，路轨会抬高或降低2毫米。下面的数字140的意思是，在这段路上140米的范围内，路轨的坡度都是0.002。到了140米尽头，会有另一个指示牌表明下一段路上的坡度。右边的指示牌表示，在前方55米，每1000毫米，路轨会抬高或降低6毫米。

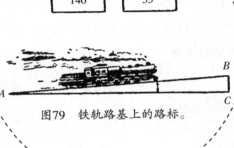

图79　铁轨路基上的路标。

学会了读"坡度标志"，就可以通过上面的数值计算出两个标志之间铁轨的高度差了。比如，对于左边的指示牌，高度差是：

$$0.002 \times 140 = 0.28（米）$$

对于右面的指示牌，高度差是：

$$0.006 \times 55 = 0.33（米）$$

从这里可以看出，铁路上的坡度大小不是用度数来表示的。但是，我们可以把它换算成度数。在图79中，我们假设AB是铁轨，BC是点A和点B之间的高度差，那么铁轨AB对于水平线AC的坡度就是$\dfrac{BC}{AB}$。从图中可以看出，角A很小，所以可以把AB和AC看成一个圆的半径，BC看作这个圆上的一段弧。由坡度$\dfrac{BC}{AB}$的大小，就可以计算出角A的大小了。

回到题目中，如果坡度是0.002，我们知道，当弧长正好是半径的$\dfrac{1}{57}$时，这个角等于1度。这里的半径是0.002，我们用x表示这个角的大小，那么，可以得到下面的比例关系：

$$x : 1 = 0.002 : \dfrac{1}{57}$$

所以，$x = 0.002 \times 57 \approx 0.11°$

也就是大约7′。

实际上，铁路线上所允许的坡度是极小的。一般来说，这个坡度都要小于0.008。如果把它换算成度数，也就是$0.008 \times 57 \approx 0.5°$。也就是说，铁路的坡度的极限是0.5°。也有一些铁路，由于地形的原因，把这个坡度极限改为了0.025，如果换算成度数，就是1.5°左右。

对于这么小的坡度，我们是根本感觉不到的。如果是步行，只有当脚下路面的坡度大于$\dfrac{1}{24}$的时候，我们才能感觉得出来。如果换算成度数，就是$\dfrac{57}{24}°$，也就是大约2.5°。

如果我们沿着铁路走很远的距离，比如，几千米，并把这段路上的所有坡度标志抄下来，那么我们就可以根据这些坡度，计算出这段路总的起伏情况，也就是起点和终点的高度差。

【题目】在一段铁路上，你从第一块标出为"升高$\dfrac{0.004}{153}$"的坡度指示牌开始，一共走过了下面的几块指示牌：

平	升	升	平	降
$\dfrac{0.000}{60}$	$\dfrac{0.0017}{84}$	$\dfrac{0.0032}{121}$	$\dfrac{0.000}{45}$	$\dfrac{0.004}{210}$

如果这些指示牌是依次经过的，并在走到最后一块儿指示牌时停住，那么你一共走过了多远的距离？起点和终点的高度差是多少？

【解答】根据上面的指示牌，走过的长度就是：

153+60+84+121+45+210＝673（米）

升高的高度是:

$$0.004 \times 153 + 0.0017 \times 84 + 0.0032 \times 121 \approx 1.15（米）$$

降低的高度是:

$$0.004 \times 210 = 0.84（米）$$

所以，终点比起点升高的高度是:

$$1.15 - 0.84 = 0.31（米）$$

如何测算一堆碎石的体积

公路边的一些碎石子里面也包含着很多几何学上的知识。比如，这堆碎石的体积是多大？这就是几何学上的问题。由于我们已经习惯了在纸上或者黑板上计算这类问题，因此对于这样的问题，我们需要费一些脑筋才能计算出来。这其实是一个圆锥体的体积计算问题。但是，对于它的高和底面积，是无法直接测量出来的，我们只能用一些间接的方法得到。

首先，我们可以用卷尺测量出它的底面周长，从而得到它的底面半径。其次，我们来求它的垂直高度。如图80所示，先测量出它的侧面高度，也就

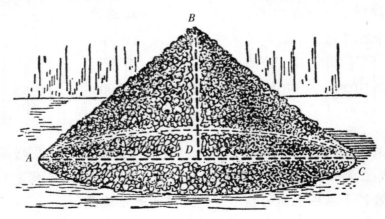

图80 一堆碎石。

是斜坡的长度AB。然后，根据前面得出的底面半径，构造三角形，计算出它的高度。下面，我们就来计算一个这样的问题。

【题目】 一堆碎石的形状是圆锥体，它的底面周长是12.1米，两边的侧面高度是4.6米，那么这堆碎石头的体积是多大？

【解答】 根据已知条件，碎石堆底面的半径就是：

$$\frac{12.1}{2\times3.14}\approx1.9（米）$$

碎石堆的高度：

$$\sqrt{2.3^2-1.9^2}\approx1.2（米）$$

碎石堆的体积：

$$\frac{1}{3}\times3.14\times1.9^2\times1.2\approx4.5（立方米）$$

每当看到一堆沙石或碎石头的时候，我就会想起 普希金 写过的一首史诗《吝啬的骑士》，其中有这么一段描写：

> 我曾在一个地方看到过，
> 一位国王命令他的军队，
> 每人抓一把土来堆成一个雄伟的土丘，
> 骄傲的土丘被堆了起来，
> 国王站在它的上面高兴地远望，
> 那被白色的天幕覆盖的山谷，
> 以及疾驶着轮船的汪洋。

"骄傲的土丘"有多高

亚历山大·谢尔盖耶维奇·普希金（1799~1837），俄国著名诗人、作家，被称为"俄国文学之父"，代表作有《叶甫根尼·奥涅金》《上尉的女儿》等。

这首诗看起来好像是对真实情况的描写，但是事实上是根本不可能实现

的。我们可以用几何学的知识来证明。如果想要堆成这个土丘，他必定会以失败告终。最后，在他的面前，可能只是一个可怜的小土堆。它只会特别的小，任何幻想家都不可能把它夸张为"骄傲的土丘"。

我们可以概略地计算一下。古时候的国王最多能拥有多少士兵呢？

在古时候，军队的数目并不像现在这么多。十万大军就是一支了不起的军队了。我们不妨假设国王的军队就是这么庞大。也就是说，土丘是由100000把沙土堆成的。那么，请读者自己试一下，抓一大把土，放到玻璃杯里。你可能也发现了，不管你这把土有多少，它无论如何也不可能把玻璃杯装满。假设每个士兵手里土的体积是$\frac{1}{5}$升，这里1升 = 1000立方厘米。这些士兵堆出的沙土体积是：

$$100000 \times \frac{1}{5} = 20000 \text{升} = 20 \text{（立方米）}$$

这么多人最后堆成的土丘，我们把它看成一个圆锥体的话，它的体积不会超过20立方米。这个体积绝对会让国王感到失望的。我们不妨再来计算一下这个土丘的高度。要想计算土丘也就是圆锥体的高度，需要知道它的侧高和底面所成的夹角。在这里，我们采用自然形成的堆角，也就是45°。这个角度不可能再大了，否则土会向下滑。在实际情况下，角度可能会比这个还要小。那么，这个圆锥体的高就等于它底面的半径。即：

$$20 = 3.14 \times \frac{x^3}{3}$$

$$x \approx 2.7 \text{（米）}$$

高度为2.7米的土丘，怎么也不可能称为"骄傲的土丘"吧？所以，这首诗只能是幻想。如果土丘的倾斜角再小一些，也就是堆得扁平一些，高度就远到不了2.7米。

根据历史学家的估计，古代的阿提拉王拥有很多士兵，大概有70万之多。我们假设这支大军全部都去堆这个土丘了，最后堆成的土丘也不会太高。我们可以计算一下：这个土堆的体积是刚才那个的7倍，那么它的高度就是刚才那个的$\sqrt[3]{7}$倍，也就是大概1.9倍。所以，这个土丘的高度就是：

$$2.7 \times 1.9 = 5.1 \text{（米）}$$

我想，一个仅有5米高的土丘，对于追求虚荣的阿提拉王来说，他根本不会放在眼里。

话说回来，从这些所谓的"高峰"上，当然能看见"那被白色的天幕覆盖的山谷"，但是如果想看到海洋的话，只可能有一种情况，那就是土丘正好在海边。

公路的转弯有多大

不管是铁路还是公路，转弯的时候，弯度都不会很大，更不会突然变换方向，而只会慢慢转向。而且，在通常情况下，转弯处的曲线正好是跟两边道路相切的圆上的一段弧。如图81所示，公路的AB和CD两段都是直线部分，而BC是一段弧线，并且分别在点B与点C处跟AB和CD相切。因此，AB垂直于半径OB，CD垂直于半径OC。这样设计，就是为了使整段路圆滑一些，缓慢地变换方向，从直线到曲线再到直线。

一般来说，转弯处的半径都比较大，特别是在铁路上，通常要大于600米。在一些主要的铁路干线上，比较常见的转弯半径是1000米～2000米。

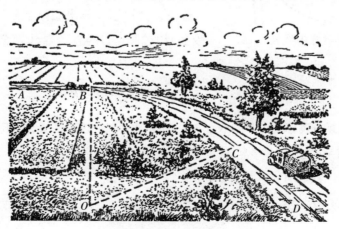

图81　公路转弯处

铁路转弯半径的计算

如果你正好站在一条公路的转弯处，你能测出它的半径吗？

相比纸上的弧线半径来说，这个要复杂一些。如果是在纸上，解答起来会很简单：只需要从两条任意的弦的中点分别作一条垂线，垂线的交点就是这一段圆弧的圆心。从圆心到曲线上任意一点的距离就是所求的半径。

而对于公路来说，并不是可以很方便地作出图来的，因为公路曲线的中心可能在转弯处1000米～2000米之外，经常没有办法实地测量。当然，我们也可以把它画到纸上来求解，只不过要把它画出来并不简单。

下面，我们介绍一种方法，根本不需要画图，就可以直接计算出公路的半径。如 **图82** 所示，在这段弧线上取任意两点C和D，并连接点C和点D，测量出CD和EF的长度（EF是弓形CED的高度）。根据这两个数值，就可以计算出圆弧半径的长度。把线段CD和过圆心O的直径看作两条相交的弦，那么：

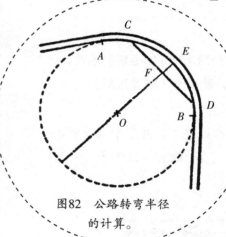

图82　公路转弯半径的计算。

$$\frac{a^2}{4} = h(2R-h)$$

这里的a表示弦CD的长，h是EF的长度，也就是弧形CED的高度，R是圆弧的半径。

所以，我们有：

$$\frac{a^2}{4} = 2Rh - h^2$$

所以，圆弧的半径是：

$$R = \frac{a^2 + 4h^2}{8h}$$

如果$h = 0.5$米，弦CD长48米，那么半径就是：

$$R = \frac{48^2 + 4 \times 0.5}{8 \times 0.5} \approx 580 \, (\text{米})$$

其实，上面的式子还可以简化一下。在实际情况下，h跟R比起来，要小得多。h一般是几米，而R是几百米，所以可以用$2R$代替$2R - h$。这样，我们就可以得到一个更简便的计算公式：

$$R = \frac{a^2}{8h}$$

如果把刚才的数值代入上面的公式，得到的结果是一样的，也是$R \approx 580$米。

得出了曲线的半径，我们就可以知道，这段公路曲线的圆心在弦的中点的垂线上。于是，我们还可以找到这段曲线圆心的位置。

假设这是一段铁路，上面铺有铁轨，那么要计算它的弯路半径，就会变得非常简单。最简单的办法就是，如 图83 所示，找一条绳子，把它拉直，使它跟内侧的铁轨相切，就得到了外侧铁轨的一根弦，h正好是两根铁轨之间的距离。假设两根铁轨

图83　铁路转弯处半径的计算方法。

之间的距离是1.52米，弦长是a，那么这段曲线的半径就是：

$$R = \frac{a^2}{8h} = \frac{a^2}{8 \times 1.52} = \frac{a^2}{12.2}$$

如果 $a = 120$，则这段曲线的半径大约是1200米。

其实，在实际生活中，这种方法并不是很实用，绳子要足够长才行。

洋底是平的吗

刚才，我们谈到了铁路，现在突然转到洋底，可能会令一些读者感到意外，它们两者有什么联系吗？实际上，这两者在几何学上的联系非常密切。

我们这里说的是洋底的弯度，那么它到底是什么形状呢？是凹下去的，还是平的，或者是凸起来的？很多人可能会觉得奇怪，大洋那么深，它肯定是凹下去的嘛！其实，在接下来的分析中，我们就会发现，洋底不但不是凹下去的，相反，它是向上凸起来的。我们通常以为大洋"无边无底"，但实际上，它"无边"的程度比"无底"大多了，可能有几百倍都不止。也就是说，大洋实际上是面积非常大的一层水，而且随着地球表面的变化，这层水也跟着发生了一些弯曲。

就拿大西洋来说吧，在接近赤道的地方，它的宽度大约占赤道周长的

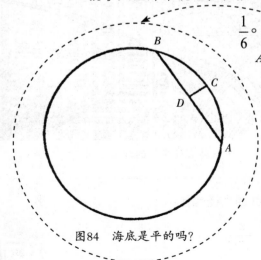

图84　海底是平的吗？

$\dfrac{1}{6}$。如 **图84** 所示，图中的圆周代表赤道，弧线 ACB 代表大西洋的洋面。我们这里假设洋底是平的，那么这个深度就等于弧线 ACB 的高 CD，在前面我提到过，弧线 ACB 的长度是圆周的 $\dfrac{1}{6}$，所以弦长 AB 实际上就是内切正六边形的边长，正好等于这个圆周半径的长度。根据前面一节的结论，我们可以很容易求出 CD 的大小。

根据 $R = \dfrac{a^2}{8h}$，可以得到：

$$h = \dfrac{a^2}{8R}$$

这里的 $a = R$，所以：

$$h = \dfrac{R}{8}$$

我们知道，地球的半径是6400千米，所以：

$$h = 800 \text{（千米）}$$

从刚才的计算可知，如果大西洋底是平的，那么它最深的地方应该是800千米。但是，实际上，大西最深的地方还不到10千米。所以，大西洋的底面并不是平的，而是凸起来的，只不过跟洋面比起来，凸起的程度要小一些。

对于其他大洋来说，也是同样的情况，洋底也是凸起来的。因此，在洋底上看来，地球的整体形状仍然是球形。

从道路转弯处的半径公式，我们知道，水面越阔，底部凸起就越明显。根据公式 $h = \dfrac{a^2}{8R}$，我们可以得出，大洋的深度 h 跟洋面阔度 a 的平方成正比。随着洋面阔度 a 的增加，大洋的深度增加得非常快。但是，实际上，随着洋面的扩大，它的深度并没有增加那么多。比如，洋面增加了100倍，但它的深度并没有增加 $100 \times 100 = 10000$ 倍。所以，较小的海要比大洋的底平一些。比如，黑海在克里米亚和小亚细亚之间，它的底面并不像大洋的底部那样是凸起来的，也不是平的，而是凹下去的。黑海海面形成了一个向下的弧线，这个弧度大概是2°，也就是地球圆周的 $\dfrac{1}{170}$。而且，黑海的深度非常均匀，大概是2.2千米。如果把它的弧线跟弦相比，就知道它的海底是平的，最深的地方是：

$$h = \dfrac{40000^2}{170^2 \times 8R} = 1.1 \text{（千米）}$$

从这里可以看出，黑海的海底比从两岸拉起来的直线低下去了1千米，也就是说，黑海的海底不是凸起来的，而是凹下去的。

"水山"真的存在吗

关于这个问题，我们可以利用前面的计算铁路转弯半径的公式来解答。

实际上，在刚才的题目中，我们已经得到了准确的答案："水山"是存在的。只不过，这里的"存在"，是几何学上的解释，而不是物理学上的概念。每一片海洋、每一个湖泊，从某种程度上说，都是一座"水山"。当我们站在水边的时候，在我们跟对岸的某一点间，水面是凸起的，而且湖面越宽，凸起的程度就越明显。我们甚至可以求出这个凸起面的高度：

$$h=\frac{a^2}{8R}$$

公式中，a是两岸的直线距离，我们可以用湖的宽度来代替。假定湖的宽度是100千米，那么这座"水山"的高度就是：

$$h=\frac{100^2}{8\times6400}\approx200（米）$$

这座"山"还真高呢！

即便湖的宽度只有10千米，跟两岸间的直线相比，它的"山峰"也有2米多高，比一个普通人的身高还要高出不少。

那么，我们可不可以把凸起的水面叫"水山"呢？

如果从物理学上来说，当然是不可以的，因为它并没有高出水平面，那里还是一片"平原"。如图85所示，如果把两岸间的直线AB看成是水平的，而把ACB看成是高出水平面的弧线，这是不正确的。其实，这里的水平线不是AB，而是ACB，也就是说，我们以为的直线ADB实际上是凹下去的，AD是向下倾斜的，到了D又向上升起到B，D是AB的最低点。如果沿着AB修一条管

图85 "水山"。

子，并在点 A 放一个铁球，那么，由于惯性作用，球会滚到点 B，到了点 B 后并不会停住，而是返回来，经过点 D，到达点 A，并不停地滑来滑去。如果管子的内壁足够光滑，铁球跟管子之间没有摩擦力，管子里也没有任何空气，那么铁球就会在点 A 和点 B 之间永远滚下去。

所以说，虽然从几何学来说，ACB 是一座"山"，但是从物理学来说，它只是一块"平地"。

Chapter 5
不用工具和
函数表的三角学

正弦值的计算方法

在本章中，我们要学习的是仅仅根据正弦函数的概念，不用公式和函数表，就可以计算出任何一个三角形的边长，并且精确到2%，内角的计算可以精确到1°。比如，在郊游的时候，你身边没有函数表，并且忘记了计算的公式，就可以用这里的方法。如果鲁滨孙也知道这种方法，就可以解决他遇到的很多问题了。

现在，我们假设你根本没有学过三角学，或者你学过，但是已经忘得一干二净了。我们先从最简单的计算开始。在一个直角三角形中，其中一个锐角的正弦值怎么计算呢？其实，它就等于这个角的对边跟三角形的弦的长度之比。

比如，在 图86 （a）中，角a的正弦就是 $\frac{BC}{AB}$ ，或者 $\frac{ED}{AD}$ ，或者 $\frac{E'D'}{AD'}$ ，或者 $\frac{B'C'}{AC'}$ 。利用相似三角形的性质，我们知道，它们都是相等的。

如果没有函数表，从1°到90°各个角度的正弦值怎么计算呢？其实方法很简单：我们可以自己编一个函数表。下面，我们就来学习一下。

在几何学中，我们已经知道一些正弦值的角度，比如，角度如果是90°，

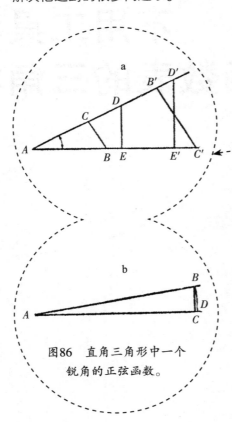

图86　直角三角形中一个锐角的正弦函数。

那么它的正弦值等于1，那么45°角呢？根据勾股定理，我们可以很容易得出，它的正弦值等于$\frac{\sqrt{2}}{2}$也就是0.707。如果是30°，这个角的对应边的长度等于直角对应边的一半，所以它的正弦值就是$\frac{1}{2}$。这三个角的正弦值就是下面的式子：

$$\sin 30° = 0.5$$
$$\sin 45° = 0.707$$
$$\sin 90° = 1$$

当然了，如果只知道这三个角的正弦值，要想解答几何学上的题目，是根本不够的，我们还需要知道中间一些角的正弦值。如果这个角的角度很小，那么在计算的时候，就可以利用弧长跟半径的关系来代替对边和弦，这样的误差也会比较小。在图86（b）中，我们可以看到，$\frac{BC}{AB}$和$\frac{BD}{AD}$相差很小，而后面这个比值很容易计算出来。比如，1°角对应的弧长BD是$\frac{2\pi R}{360}$，所以，sin1°可以用下面的式子计算：

$$\sin 1° = \frac{\frac{2\pi R}{360}}{R} = \frac{\pi}{180} \approx 0.0175$$

运用同样的方法，我们可以得出：

$$\sin 2° = 0.0349$$
$$\sin 3° = 0.0523$$
$$\sin 4° = 0.0698$$
$$\sin 5° = 0.0872$$

不过，需要指出的是，这一方法只适用于角度较小的正弦值求法，如果角度较大，误差就会比较大了。

比如，我们用这个方法来求sin30°，那么得出的正弦值就是0.524而不是0.500，也就是说，误差是$\frac{24}{500}$，已经达到了5%。

利用这种方法，我们来计算一下它的界限。如果用精确的方法计算

107

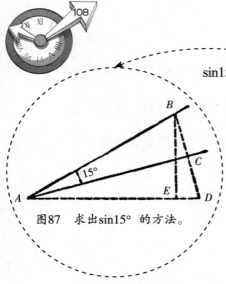

图87　求出sin15°的方法。

sin15°的值。如图87所示，我们做一个这样的图。假设 $\sin 15°=\dfrac{BC}{AB}$。延长 BC 到点 D，使 $CD=BC$，连接点 A 和点 D，三角形 ADC 和三角形 ABC 是全等三角形，而且，角 BAD 等于30°。然后，再从点 B 引一条垂线 BE 相交于 AD，则三角形 BAE 是直角三角形。其中，角 BAE 等于30°，所以 $BE=\dfrac{AB}{2}$。

根据勾股定理，我们可以根据下面的式子求出 AE：

$$AE^2=AB^2-BE^2=AB^2-\left(\dfrac{AB}{2}\right)^2=\dfrac{3AB^2}{4}$$

$$AE=\dfrac{\sqrt{3}}{2}AB\approx 0.866AB$$

所以：

$$ED=AD-AE=AB-0.866AB=0.134AB$$

在三角形 BED 中，我们有：

$$BD^2=BE^2+ED^2=\left(\dfrac{AB}{2}\right)^2+(0.134AB)^2\approx 0.268AB^2$$

$$BD=\sqrt{0.268AB^2}\approx 0.518AB$$

而 BC 的大小是 BD 的一半，也就是 $0.259AB$，所以，我们可以得到：

$$\sin 15°=\dfrac{BC}{AB}=\dfrac{0.259AB}{AB}=0.259$$

在函数表中，sin15°的值就是这个数值，如果用刚才的方法，得到的数值是0.262，如果取前两位数，都是0.26。跟0.259比起来，这个数值的误差是 $\dfrac{1}{259}$，也就是大约0.4%。所以，如果角度在1°～15°，都可以用前面的方法计算出它们的正弦值。如果角度在15°～30°，它们的正弦值可以用比例关系计算。比如，sin30°跟sin15°的差值是0.5－0.26＝0.24，所以我们可以认为，角度每增加1°，正弦值就会相差这个数的 $\dfrac{1}{15}$，也就是 $\dfrac{0.24}{15}=0.016$。从严格意义上说，这个关系并不精确，但是误差一般体现在第三位小数上，通常我们只取前两位小数，所以还是可以满足我们的要求的。根据这个方法，我们可以得到：

$$\sin16° = 0.26+0.016≈0.28$$
$$\sin17° = 0.26+0.032≈0.29$$
$$\sin18° = 0.26+0.048≈0.31$$
$$\sin25° = 0.26+0.16≈0.42$$

……

在上面的这些数值中，前两位小数都是准确的，完全满足我们的要求，跟真实值相比，它们的误差都小于0.005。

如果角度在30°～45°，也可以这么计算。我们知道，$\sin45° - \sin30° = 0.707 - 0.5 = 0.207$。把它除以15，等于0.014。把它分别加到30°的正弦值上，我们可以得到：

$$\sin31° = 0.5+0.014≈0.51$$
$$\sin32° = 0.5+0.028≈0.53$$
$$\sin40° = 0.5+0.14≈0.64$$

……

这样，我们就得到了45°以下角度的正弦值了。根据勾股定理，我们就可以求出大于45°的锐角的正弦值。比如，要求出$\sin53°$的值，也就是

图88中$\dfrac{BC}{AB}$的值。在图88中，角B等于37°，所以利用前面的方法，我们可以得出它的正弦值是$0.5+7×0.014 = 0.6$，而$\sin37° = \dfrac{AC}{AB}$，也就是$AC = 0.6AB$，那么，BC的长度就是：

$$BC=\sqrt{AB^2-AC^2}$$
$$=\sqrt{AB^2-(0.6AB)^2}≈0.8AB$$

所以：

$$\sin53° = \frac{BC}{AB} = \frac{0.8AB}{AB} = 0.8$$

只要会开平方根，这样的计算会变得很简单。

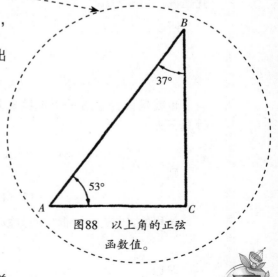

图88 以上角的正弦函数值。

不用函数表开平方根

在代数课本中，我们学过开平方根的方法，但是不容易记忆。其实，不用代数上的方法，我们也可以开出平方根来，这里，我们介绍一个古老的方法，可以很容易开出平方根来。跟代数课本中介绍的方法比起来，这种方法简单多了。

假设要计算 $\sqrt{13}$ 的值。我们知道，它在3和4之间。也就是说，它等于3跟一个分数的和。这里，我们假设这个分数是x，即

$$\sqrt{13}=3+x$$

也就是

$$13 = 9 + 6x + x^2$$

因为x是一个很小的分数，它的平方是一个更小的数，可以把它舍去，也就是说：$13 = 9+6x$。

所以：

$$6x = 4$$

$$x \approx 0.67$$

也就是说，$\sqrt{13}$ 的近似值是3.67。如果我们想更精确一些，还可以继续计算下去：

$$\sqrt{13}=3.67 + y$$

则：

$$13 = 13.47 + 7.34y + y^2$$

这里的y^2也是一个很小的分数，所以它的平方更小，把它舍去，得到：

$$13 = 13.47 + 7.34y$$

所以：

$$y \approx -0.06$$

所以，$\sqrt{13}$ 的近似值就是 $3.67 - 0.06 = 3.61$。

继续计算下去，可以得到更精确的值。

利用代数课本中的方法，如果只取前两位小数，得到的数值也是 3.61。

由正弦值计算角度

通过前面的学习，我们可以计算出 0°～90° 角的正弦值，而且是保留二位小数的数值。再遇到锐角正弦值的计算时，我们就可以不用查函数表，计算出来了。

有时候，我们需要反过来，就是已知一个角度的正弦值，求出这个角度，而且方法也很简单。

【题目】计算正弦值为 0.38 的角的大小。

【解答】很明显，这个值小于 0.5，那么这个角度肯定在 0°～30°，且大于 15°，因为我们知道，sin15°＝0.26。根据上篇中的原理，我们有：

$$0.38 - 0.26 = 0.12$$

$$\frac{0.12}{0.016} = 7.5°$$

$$15° + 7.5° = 22.5°$$

这个角的大小是 22.5°。

【题目】已知一个角的正弦值是 0.62，那这个角是多少度？

【解答】

$$0.62 - 0.50 = 0.12$$

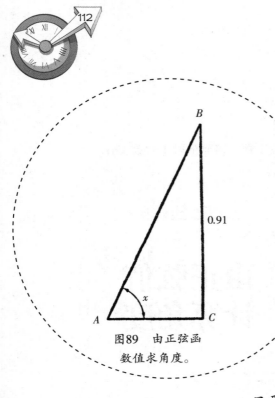

图89　由正弦函
数值求角度。

$$\frac{0.12}{0.014}=8.6°$$

这个角是38.6°。

【题目】 一个角的正弦值是0.91，这个角是多少度呢?

【解答】 这个值介于0.71和1之间，根据这一特点，这个角应该在45°～90°。如 **图89** 所示，假设$AB=1$，那么BC就是这个角的正弦值，也就是0.91。角B的正弦值就是:

$$AC=\sqrt{AB^2-BC^2}=\sqrt{1^2-0.91^2}$$
$$=0.42$$

只要求出正弦值是0.42的角度，就可以利用三角形的内角和关系，求出角A的大小。

因为0.42在0.26～0.5，所以角B在15°～30°。角B可以用下面的式子计算:

$$0.42-0.26=0.16$$

$$\frac{0.16}{0.016}=10°$$

角B等于15°+10°=25°。角A等于90°减去角B，也就是

$$90°-25°=65°$$

通过刚才的学习，我们不仅可以根据角度计算出它的正弦值，还可以根据一个角的正弦值大小计算出这个角度。

不过，我们刚才学的只是正弦值及其对应角度大小的求法，如果是其他的三角函数呢? 下面，我们会举一些例子，来说明一个问题: 在简单的三角学中，只知道正弦值就足够了。

【题目】如图90所示，木杆 AB 的高度是4.2米，它的阴影 BC 的长度是6.5米，这时候太阳的高度是多少？（也就是角 C 是多少度）？

太阳的高度是多少

【解答】这个问题很简单，从图中可以看出，角 C 的正弦值是 $\dfrac{AB}{AC}$，而

$$AC=\sqrt{AB^2+BC^2}=\sqrt{4.2^2+6.5^2}\approx7.74$$

所以，角 C 的正弦值等于：

$$\frac{4.2}{7.74}=0.55$$

根据前面的方法，可以得出，角 C 等于33°，也就是说，太阳的高度是33°，这里精确到了0.5°。

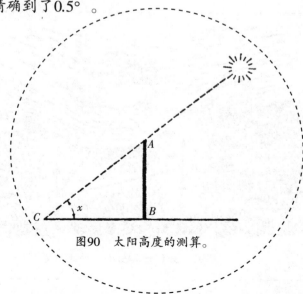

图90　太阳高度的测算。

到小岛的
距离

【题目】如图91所示，你正在一条小河边散步，突然发现前面有个小岛A，你的身上只有一个指南针，要想求出点B到小岛A的距离，该怎么计算呢？利用指南针，可以测出角ABN的大小，还可以画出AB和南北方向（SN）。测量出BC的长度，就可以得到BC跟SN的夹角CBN的大小。同理，在点C，求出角BCN的大小。假设通过计算，得到了下面的数据：

直线AB在SN偏东52°，直线BC在SN偏东110°，直线AC在SN偏西27°，BC＝187米。

那么，该如何计算AB的长度呢？

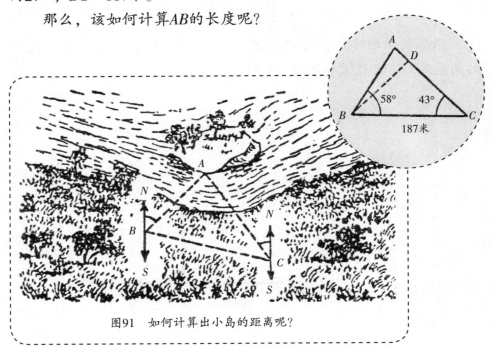

图91　如何计算出小岛的距离呢？

【解答】根据前面的计算，在三角形 ABC 中，$BC=187$ 米，角 ABC 等于 $58°$（$110°-52°$），角 ACB 等于 $43°$（$180°-110°-27°$）。如图91右图所示，作三角形 ABC 的高 BD，那么，我们有

$\sin C=\sin 43°=\dfrac{BD}{187}$，根据前文中介绍的方法，可以求出：

$$\sin 43°=0.68$$
$$BD=187×0.68≈127$$

而角 BAC 等于 $79°$（$180°-58°-43°$），在三角形 ABD 中，角 ABD 等于 $11°$（$90°-79°$），$\sin 11°=0.19$，所以 $\dfrac{AD}{AB}=0.19$，根据勾股定理，我们得到：

$$AB^2=BD^2+AD^2$$

根据前面的分析，$BD=127$，再把上式中的 AD 用 $0.19AB$ 代入，有：

$$AB^2=127^2+（0.19AB）^2$$
$$AB≈129$$

点 B 到小岛 A 的距离大概是129米。

当然了，我们还可以用同样的方法，求出 AC 的长度，读者可以自己试一下。

湖水的宽度

【题目】如图92所示，这是一个湖，在点 C 处用指南针测得的数据是这样的：直线 CA 在 SN 偏西 $21°$，直线 CB 在 SN 偏东 $22°$，而 $AC=35$ 米，$BC=68$ 米，那么，湖水的宽度 AB 是多少呢？

【解答】在三角形ABC中，角ACB=43°（21°+22°），AC=35米，BC=68米，作AD垂直于BC，则，$\sin 43° = \dfrac{AD}{AC}$，而$\sin 43°$ =0.68，所以：

$$AD=0.68 \times AC \approx 24$$

根据勾股定理，我们有：

$$CD^2=AC^2-AD^2=35^2-24^2=649$$

$$CD \approx 25.5$$

$$BD=BC-CD=68-25.5=42.5$$

在三角形ABD中，由勾股定理，有

$$AB^2=AD^2+BD^2=24^2+42.5^2 \approx 2380$$

$$AB \approx 49$$

湖水的宽度大概是49米。

如果还要求计算三角形ABC另外两个内角的大小，可以在求出AB的值后，按下面的方法计算：

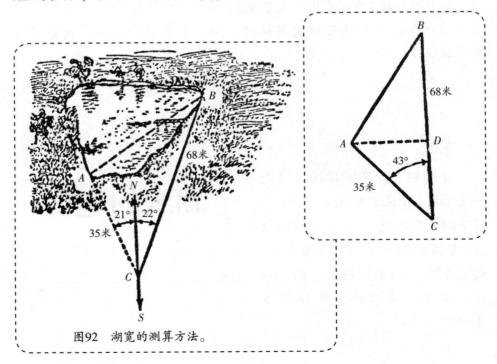

图92 湖宽的测算方法。

$$\sin B = \frac{AD}{AB} = \frac{24}{49} = 0.49$$

根据前面的方法，得出角$B=29°$。

根据三角形内角和等于$180°$，可以得出角A的大小：

$$\angle A = 180° - 29° - 43° = 108°$$

有时候，在三角形的求解中可能会遇到内角大于$90°$的情况，也就是钝角，这时该怎么求解呢？如 图93 所示，

角A是一个钝角，已知它的大小和与它相邻两边的长度，要求计算出另一边的长度和其他两个内角的大小。其实，这个问题的计算方法跟前面的方法是一样的，只不过这里作的垂线BD在三角形的外面，也就是在CA的延长线上，利用三角形BDA，求出BD和AD的大小，那么$DC=DA+AC$，DC的大小就知道了，BC也就求出来了，而$\sin C = \frac{BD}{BC}$。

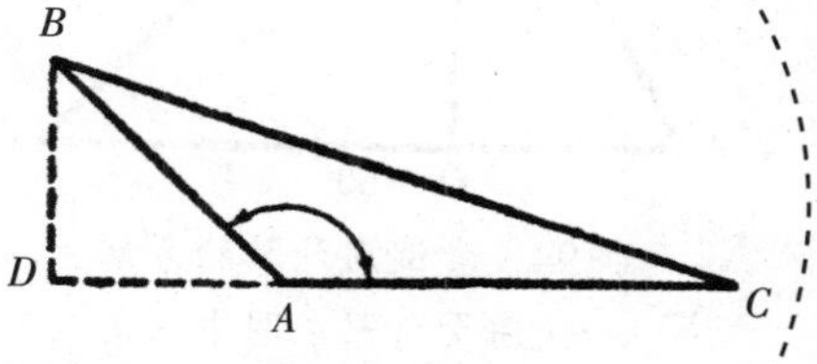

图93　钝角三角形的解法。

三角形区域的测算

【题目】我们在旅行的时候，用脚步测量出了一个三角形区域各个边的长度，分别是43、60、54步，那么这个三角形的三个内角分别是多少？

【解答】相比较来说，在三角形问题的求解中，根据三个边的长度，计算三个内角的大小，这类题目还是比较难的。但是，并不代表这样的题目就没法解答，而且，我们只用正弦，不用其他的三角函数，照样可以将这个问题解答出来。

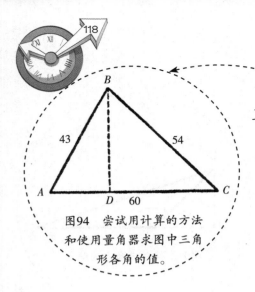

图94 尝试用计算的方法和使用量角器求图中三角形各角的值。

如 图94 所示，在三角形ABC中，作BD垂直于AC，那么：

$$\begin{cases} BD^2=43^2-AD^2 \\ BD^2=54^2-DC^2 \end{cases}$$

$$43^2-AD^2=54^2-DC^2$$

$$DC^2-AD^2=54^2-43^2 \approx 1070$$

$$DC^2-AD^2=(DC+AD)(DC-AD)$$

$$=60(DC-AD)=1070$$

$$DC-AD=\frac{1070}{60} \approx 17.8$$

所以：

$$DC+AD=60$$

两边相加，有：

$$2DC=77.8，DC=38.9$$

三角形的高BD为：

$$BD=\sqrt{BC^2-DC^2}=\sqrt{54^2-38.9^2} \approx 37.4$$

所以：

$$\sin A=\frac{BD}{AB}=\frac{37.4}{43}=0.87$$

$$\angle A \approx 60°$$

$$\sin C=\frac{BD}{BC}=\frac{37.4}{54}=0.69$$

$$\angle C \approx 44°$$

$$\angle B=180°-60°-44°=76°$$

刚才，我们只是进行了一下粗略计算，如果利用三角学的知识来求解，可以精确到几分几秒，但是，即便用这种精确的计算方法，得出的结果也不一定是准确的。这是因为，这个三角形的边长是用脚步测量出来的，在测量的时候肯定会有误差，一般来说，这个误差至少在2%～3%。所以，在计算的时候，没有必要精确到几分几秒。关于这类问题，一般都可以用上面的方法来求解。

在实地测量一个角度的时候，通常只需要一个指南针或者几根手指或者火柴盒就可以了。但是，有时候，我们会遇到这样的情形：不是让我们实地测量，而是要测量出画在纸上、平面图上或者地图上的角的大小。

不进行任何测量的测角法

当然，如果我们的手头有一个量角器，问题就很容易解决了。但是，如果没有量角器，我们该怎么测量呢？在这种情况下，利用几何学的知识，也是可以解决的。下面，我们就来举一个例子。

【题目】如 图95 所示，∠AOB是一个小于180°的角，如果不作任何测量，你可以求出这个角的大小吗？

【解答】如果根据前面的方法，我们可以从BO上的任一点作垂直于AO的垂线，测量出直角三角形每个边的长度，然后算出这个角的正弦值，根据正弦值得出这个角的大小。但是，题目的要求是不作任何测量。所以，我们需要另找方法。这时，我们可以这样做：

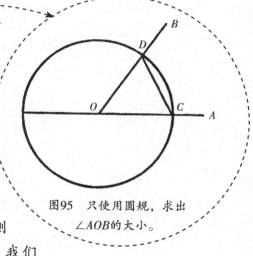

图95　只使用圆规，求出∠AOB的大小。

以∠AOB的顶点O为圆心，任意长度为半径，作一个圆。圆周跟AO、BO分别相交于点C、D，连接CD。

然后，拿一个圆规，从点C开始，按照CD的长度，在圆周上沿同一个方向一直量下去，直到圆规的一个脚再次落到点C为止，记住测量的次数，也就是一共测量了多少段，以及圆规绕圆周的次数。

假设圆规在这个圆周上测量了S段CD的长度，并且绕圆周的次数是n。那么，∠AOB的大小就是：

$$\angle AOB = \frac{360° \times n}{S}$$

这是为什么呢？其实，我们可以这样分析：假定这个角是x，如果圆规在圆周上测量了S次，就相当于把x的角扩大到S倍，同时，圆周被绕了n次，就相当于这个角等于360°×n，所以：

$$x \times S = 360° \times n$$

$$x \times = \frac{360° \times n}{S}$$

在图95中，用圆规测量的结果是n=3，S=20，所以∠AOB=54°。

如果没有圆规，我们还可以用一个大头针或者一张纸条来测量。

【思考题】利用图95的方法，求出图94中各个角的大小。

Chapter 6
地平线几何学

地平线

当我们站在一望无垠的平原上，经常感觉自己仿佛置身于一个看不到边的圆面中心，地平线就是这个圆面的边缘。而地平线是没有办法触摸到的：如果向它走去，它就会向后退。不过，虽然我们无法接近它，它却是客观存在的。这不是我们视力上的错觉，也不是幻景。

对于地球上的每个观测点，都存在着一条地球表面的界线，我们就是通过这个点看过去的，同时我们还可以计算出这个界线的距离。

如图96所示，这是地球的一部分，我们来看一下地平线的几何关系。假设观察者的眼睛在点C，眼睛离地面的高度是CD。如果他向周围看去，那么他能在平地上看到多远的距离？从图上可以看出，他只能看到圆周M、N上的各点，在这个圆周上，他的视线跟地球表面相切，再远的范围就在他的视线之外了。M、N两点以及所有圆周上的各点就是这个人能看见的地球表面的边界。也就是说，就是这些点连成了地平线。在观察者看来，天穹和大地在这

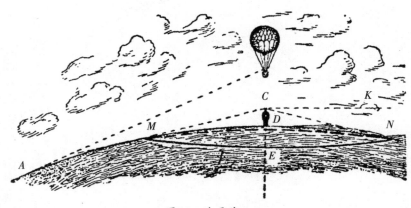

图96　地平线。

里相接，他在这些点上同时看到了天空和地上的物体。

你可能以为图中的情形跟实际有出入，因为当我们观察的时候，总是觉得地平线跟我们的眼睛是在同一水平面上的，而在图96中，这个地平线的圆周明显比观察者的眼睛低。没错，在我们的感觉中，我们的眼睛跟地平线始终在同一水平面上，而且当我们的身体升高的时候，还会感觉这个水平面也跟着一起升高了。实际上，这只是我们的错觉罢了。实际的情况是，地平线总是比我们的眼睛要低，就像图96所画的那样。只不过，直线 CM 和 CN 跟垂直于地球半径的直线 CK 之间的夹角非常小，不可能用仪器测量出来罢了。

我们再来说一件非常有趣的事情。刚才我们说过，如果观察者的高度升高，比如，乘坐在飞机上，地平线好像还是跟他的眼睛在一个水平面上，地平线好像也跟着他升高了。如果飞机飞得非常高，观察者就会感到，好像飞机下面的地面都在地平线以下了，地面好像成了一个嵌到地面之下的盆，地平线就是这个盆的"边"。关于这种情形，在 **埃德加·爱伦·坡** 的幻想小说《汉斯·普法尔历险记》中，曾经有过详细的描写和解释。

> 埃德加·爱伦·坡（1809~1849），美国诗人、小说家、文学评论家，代表作有《黑猫》《厄舍府的倒塌》等。

小说的主人公航空家说：

最令我惊奇的是，在我看来，地球竟然凹下去了。刚开始我还以为，随着我逐渐升高，一定可以看到地球的凸面，没想到不是这样。我仔细想了一下，终于找到了这个现象的解释。如果从我乘坐的气球竖直向地球引垂线，这就相当于直角三角形的一条直角边，而这个直角三角形的底边就是从这条垂线和地面的交点到地平线的那条直线，斜边就是从地平线到气球的连线。但是，跟我看到的视野相比，气球的高度是非常小的，也就是说，刚才提到的这个三角形的底边和斜边比直角边要大得多，我们可以将三角形的底边和斜边看成两条平行线，所以在观察者看来，位于气球底下的每一个点，总是低于地平线。

123

这就是我们总是觉得地球表面好像凹下去的原因。这样的情形会一直存在，除非地球达到了一个非常高的高度，那时候三角形的底边和斜边就不再是平行的了。

我们再来举一个例子，来帮助大家认识这一现象。如图97所示，假设有一排整齐的电线杆。如果你的眼睛在电线杆的点b，也就是在电线杆脚的平面上，那么你看到的电线杆的情形就是图98的样子。但是，如果你的眼睛放在点a，也就是在电线杆顶的平面上，那么你看到的电线杆的情形就是图99的样子，这时候，地平线对你来说就好像升高了一样。

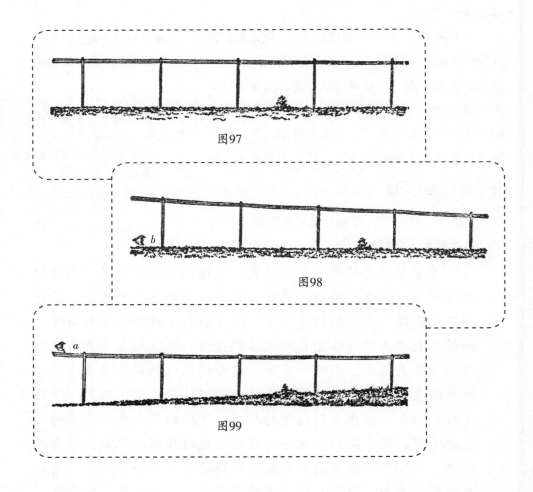

图97

图98

图99

当我们观察海平面远方刚刚出现
的轮船时，我们经常会觉得自己所看
到的轮船并没有在它实际的那个地
方，而是感觉它距离我们要近一些，
它就像在我们的视线跟海平面的凸面
相切的点B上，如图100所示。如果单

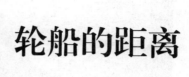

轮船的距离

纯用肉眼观察，很难不这么认为，我们很难想象轮船的位置在地平线以外很
远的地方。

图100　地平线之外的轮船。

不过，如果我们使用望远镜来看，那么对于这艘轮船的实际距离，就会
有一个比较正确的印象。这是因为，在望远镜中，对于远近不同的事物，它
们的清晰程度是不同的。如果用一个校准好的看向远处的望远镜来看向近处
的东西，我们会觉得根本看不清，反过来也是一样，如果用一个校准好了
的看向近处的望远镜，来看向远处的东西，看到的景色也是模糊不清的。所
以，当我们用一个放大倍数非常大的望远镜看地平线的水平面时，如果望远
镜是校准好的，我们可以把这一点的水平面看得非常清楚，那么再用它来看
远处的轮船，就只能看到一个模糊的轮廓，好像轮船离你很远似的，如图101
（a）所示。相反，如果望远镜校准好后，能够非常清楚地看到一半轮船隐在

图101　从望远镜里看到的地平线
之外的轮船。

地平线后面的轮廓，那么刚才看见的清晰水平面就变得非常模糊了，如图101
（b）所示。

地平线离
我们有多远

地平线跟我们的距离有多远呢？或者说，如果我们站在平原上，以自己为圆心，由地平线围成的圆的半径是多大呢？已知观察者在地球表面上的高度，那么地平线的距离该如何计算？

如 图102 所示，刚才的题目就是求线段CN的长度。线段CN是从人的眼睛向地球的表面作的切线。我们知道，在几何学中，切线的平方等于割线的外段h跟这条割线全长（$h+2R$）的乘积，这里的R是地球的半径。跟地球的直径$2R$相比，人的眼睛

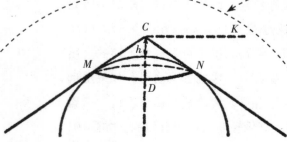

图102　关于地平线长度的测算。

到地面的距离非常小，即便乘坐飞机到一万多米的高空，人的眼睛距离地面的高度也不过只有地球直径的0.001。所以，在$(2R+h)$中，我们可以把h忽略不计，于是，公式就可以简化为：

$$CN^2 = h \times 2R$$

我们可以用这个简单的公式计算出地平线的距离：

$$地平线跟人的距离 = \sqrt{2Rh}$$

在上式中，R表示地球的半径（地球的半径为6371千米，我们一般取6400千米）。h表示人的眼睛距离地面的高度。

我们知道，$\sqrt{6400}=80$，所以，上式还可以简化为：

$$地平线跟人的距离 = 80\sqrt{2h} = 113\sqrt{h}$$

h的单位是千米。

这样，这个距离的计算就变成了一个纯几何学的计算。如果把影响地平线距离远近的物理学因素也考虑在内，还应该考虑所谓的大气折射问题。因为，在大气中，光线的折射会把计算出来的地平线距离增加大约$\dfrac{1}{15}$（也就是6%左右）。当然了，这里的6%只是一个平均数。根据下表中条件的不同，地平线的距离会略有变化：

增加因素	减少因素
气压高	气压低
接近地面处	高处
天气寒冷	天气暖和
早晨和傍晚	日间
潮湿天气	干燥天气
在海上	在陆地上

【题目】一个人站在平地上，他能看到地面多远的距离？

【解答】如果这个人是成年人，他的眼睛跟地面的距离大约是1.6米，也就是0.0016千米，所以：

$$地平线和人的距离 = 113\sqrt{h} = 113\sqrt{0.0016} \approx 4.52（千米）$$

刚才说过，地球周围的空气层会使光线的路径发生曲折，所以地平线的距离要比用这个公式计算出的值增加6%。考虑到这一点，我们应该在4.52千米的基础上，再乘以1.06，也就是$4.52 \times 1.06 \approx 4.8$千米。

也就是说，如果是一个中等身材的人，那么他在平地上能看到的距离最远不过4.8千米。如果把他放在那个圆的中心，这个直径是9.6千米，面积大概是72平方千米。与那些将辽阔的草原描述为"一望无际"相比，这个距离就太小了。

【题目】如果这个人坐在海上的一只小艇上，他能看到多远的距离？

【解答】这个人坐在小艇上，他的眼睛跟水面的距离大约是1米，也就是0.001千米，所以他能看到的地平线的距离是：

$$113\sqrt{0.001} \approx 3.58 （千米）$$

如果把空气的折光影响也考虑在内，这个距离大概是3.8千米。如果是比这个距离远的物体，因为它在地平线的后面，我们就只能看到它的上部，下部是看不到的。

如果眼睛的位置再低一些，地平线也会更近，比如，当眼睛跟地（海）面的距离只有半米时，地平线也只有大约2.5千米的距离。反过来，如果从高处观察，地平线的距离会增大。比如，在桅杆的顶部，如果桅杆高4米，那么地平线的距离就是7千米。

【题目】一个气球位于平流层的最高点，在气球吊舱中的飞行员看来，地平线的距离是多少？

【解答】气球位于平流层的最高处，它的高度是22千米。在这个高度上，地平线的距离是：

$$113\sqrt{22} \approx 530 （千米）$$

如果考虑折射因素的影响，大概是530×1.06，约为560千米。

【题目】一位飞行员想看到50千米半径的地面，那么他应该飞到多高的高度上呢？

【解答】根据地平线距离的公式，我们有：

$$50 = \sqrt{2Rh}$$

所以：

$$h = \frac{50^2}{2R} = \frac{2500}{12800} \approx 0.2 （千米）$$

这位飞行员只要升到200米的高度，就可以看到50千米半径的地面了。

如果考虑到偏差，要从50千米中减去6%，那么就是47千米，所以：

$$h=\frac{47^2}{2R}=\frac{2200}{12800}\approx 0.17\text{（千米）}$$

从计算结果可以看出，不需要升到200米，只需要到达170米的高度就可以了。

果戈里的塔有多高

【题目】有一个非常有趣的问题：人眼上升的高度，跟地平线的距离相比，哪一个增加得更快一些呢？很多人可能这样认为，观察的人向上升高的时候，地平线的距离会增加得更快一些。其实，果戈里也曾经这么认为过，在他写的《论我们这一时代的建筑》一文中，他是这么写的：

对于城市来说，有一个巨大而雄伟的高塔是必要的……在这个城市中的高塔上，我们只能看到整个城市的全景，但是如果是在首都，就必须要有一个更高的塔，可以看到150俄里距离的高塔。我认为，只要把现在这座塔筑高一两层的高度，一切就会不一样了。那样的话，我们看到的范围就会随着高度的增加而迅速成倍地扩大。"

> 1俄里≈1.0668千米
> 150俄里≈160千米

真的是这样的吗？

【解答】事实上，果戈里的这种想法是不正确的。随着身体的升高，地平线的范围并没有很快增加。其中的道理很简单，只要仔细研究一下公式，我们就可以得出结论。

地平线和人的距离 $=\sqrt{2Rh}$

跟人的眼睛升高的高度相比，地平线的距离增加得还会慢一些。它只跟人眼高度的平方根成正比。也就是说，如果人的眼睛升到100倍的高度上，地平线的距离只增加到原来的10倍。如果人的眼睛升高到1000倍的高度上，地平线的距离也仅仅增加到原来的31倍。所以，果戈里所说的"只要把现在这座塔筑高一两层的高度，一切就会不一样了"是不正确的。比如，在8层楼房的顶上再加上两层，那么地平线的距离大概会增加到 $\sqrt{\dfrac{10}{8}}$，也就是大约1.1倍。这就是说，只比原先的距离增加了10%。

对于这么小程度的增加，我们甚至可能感觉不到。所以，果戈里说的建一座"可以看到150俄里或160千米距离的高塔"，这是根本不可能的。当然，在想这个问题的时候，果戈里可能并没有意识到，要想看到这么远的距离，高塔是非常高的。实际上，我们可以计算出这个高度：

$$160=\sqrt{2Rh}$$

$$h=\frac{160^2}{2R}=\frac{25600}{12800}=2\ (千米)$$

这差不多是一座高山的高度。

站在普希金的土丘上

在普希金写的文章中，也出现了类似的错误。前文中我们提到过，在他写的诗剧《吝啬的骑士》中，有过这样的描写：

国王站在它的上面高兴地远望，

那被白色的天幕覆盖的山谷，

以及疾驶着轮船的汪洋。

在前面，我们算出了这个"骄傲的土丘"的高度，它是那么的小，甚至显得有点儿可怜，即便是阿提拉的大军，也不可能用这个方法把土丘堆到4.5米的高度。现在，我们不妨来计算一下，如果站在这个土丘的顶上，能看到的地平线的距离到底有多远。

站在这个土丘上，人的眼睛距离地面的高度大概是：

$$4.5+1.5 = 6 （米）$$

能看到的地平线的距离是：

$$113\sqrt{0.006} \approx 8.8 （千米）$$

这跟在平地上看相比，只不过多了4千多米罢了。

两条铁轨在什么地方并成一个点

【题目】当我们看向远处的铁轨的时候，经常会有这样的感觉，两条铁轨好像在远处的某个地方逐渐并到了一起。但是，不知道你有没有想过这样一个问题，这个并到一起的点在哪里呢？我们到底能不能看到这个点呢？有了前面的知识，我们就可以解答这个问题了。

【题目】如果你的记忆力还不错，一定还记得前面介绍的关于视角的知识。我们知道，如果眼睛的视力正常，当我们看向物体的视角是1′的时候，它就会变成一个点，也就是说，当物体离你的距离是它宽度的3400倍的时候，它就会变成一个点。

一般来说，两条铁轨间的距离是1.52米。所以两条铁轨要并成

131

一个点，要在距离我们1.52×3400＝5.2千米处才行。换句话说，如果我们可以看到5.2千米处的两条铁轨，那么我们就能看到它们并成了一个点。但是，在平地上，我们能看到的地平线距离只有4.4千米，比5.2千米要小。所以，如果你的视力正常，站在平地上，是不可能看到两条铁轨并到一起的那个点的。那么，怎么才能看到这个点呢？只有在下面的几种情况下，我们才有可能看到。

第一种情况：视力不正常的人。如果一个人的视力不正常，他看物体的视角会比1′大，物体就会变成一个点。

第二种情况：铁轨的路面不是水平的。

第三种情况：观察者的眼睛比地面高。高度为：$\dfrac{5.2^2}{2R}=\dfrac{27}{12800}$ ≈0.0021千米，也就是2.1米。

指挥员眼中的灯塔

【题目】在海岸上有一座灯塔，灯塔的顶端距离水面40米。一艘轮船从远处驶向岸边，船上的指挥员坐在水面以上10米的地方。那么，他在距离岸边多远的地方，才能看到这座灯塔上的灯光？

【解答】从图103中可以看出，这个题目实际上是要求线段AC的长度，而它是由AB和BC两段组成的。所以，我们可以分别求出这两段距离的长度，并把它们相加。

线段AB是在40米高的灯塔上能看到的地平线的距离，线段BC是在水面以上10米的地方能看到的地平线的距离。所以，所求的距离AC就是：

$$113\sqrt{0.04}+113\sqrt{0.01}=113（0.2+0.1）\approx 34（千米）$$

【题目】在上题中，如果指挥员站在30千米处，那么他能看到灯塔的什么地方？

【解答】我们可以仍然利用 图103 来解答这个题目。可以这样计算：先计算出线段 AC 的长度，然后，从 AC 中减去30千米，我们就得到了 AB 的长度。知道 AB 以后，我们就可以计算出能看到的地平线距离等于 AB 的时候，灯塔的高度了，也就是下面的计算公式：

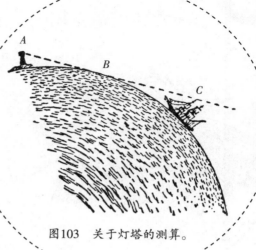

图103 关于灯塔的测算。

$$BC=113\sqrt{0.01}=11.3（千米）$$

$$30-11.3=18.7（千米）$$

所以：

$$灯塔的高度=\frac{18.7^2}{2R}=\frac{350}{12800}\approx0.027（千米）$$

如果在距离灯塔30千米处看向灯塔，只能看到灯塔上端13米的那一部分，底下的27米是看不到的。

【题目】在你的头顶正上方距离1.5千米的地方，突然出现了一道闪电。那么，在离你多远的地方，仍然可以看到这道闪电呢？

距离多远能看到闪电

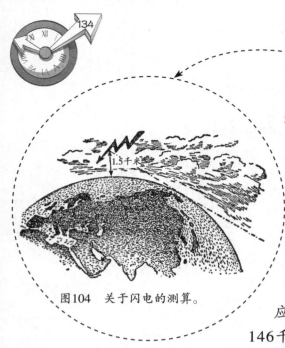

图104 关于闪电的测算。

【解答】如 图104 所示，我们可以计算出在1.5千米的高度上，可以看到的地平线的距离。实际上，这个距离是：

$$113\sqrt{1.5} \approx 138 \text{（千米）}$$

也就是说，如果地面是平的，在距离你138千米远的地面上的人，也可以看到这道闪电。这里，我们计算出的数字是138千米，如果再加上6%的加放数，这个距离应该是146千米。意思就是说，从距离146千米的地方看，这道闪电就好像出现在地平线上。而声音是不可能传到这么远的距离的，所以在这个距离上的人只能看见闪电，听不到雷声。

帆船消失了

【题目】假设你站在一片海或者湖的岸边，紧挨着水面。这时，正好有一艘帆船驶离了岸边。你事先知道帆船桅杆顶端距离水面的高度是6米。那么，在什么地方，也就是帆船距离岸边多远的距离，你会感觉到这只帆船开始沉入水中，又在什么距离上，就看不见这只帆船了？

【解答】见前面的图100，这只帆船在点B开始沉入水中，也就是在你可以看到的地平线的距离上，它好像开始沉入水中。如果你的身材中等，那么这个距离就是4.8千米。当帆船在地平线以下，就看不到它了。此时它距离地平线的距离就是：

$$113\sqrt{0.006} \approx 8.8（千米）$$

也就是说，在距离岸边4.8+8.8＝13.6千米的地方，这只帆船完全消失在了地平线以下。

月球上的"地平线"

【题目】到目前为止，我们所做的计算都没有离开地球。但是，如果我们到另一个星球上，比如，到了月球上，这个所谓的"地平线"的距离会是什么情形呢？

【解答】其实，这个题目同样可以用前面的公式来解答：

$$月球"地平线"的距离 = \sqrt{2Rh}$$

只不过，这里的R表示月球的半径，而不再是地球的半径了。

我们知道，月球的半径是1750千米。如果人站在月球上，当人的眼睛距离地面1.5米高时，可以得出：

$$月球"地平线"的距离 = \sqrt{2 \times 1750 \times 0.0015} \approx 2.3（千米）$$

也就是说，如果我们站在月球上看过去，顶多能看到2.3千米那么远。

月球环形山上的"地平线"距离

【题目】如果我们用望远镜向月球望去，即便望远镜的倍数不是很大，也可以看到，月球表面有很多环形山，而在地球上，是没有这类东西的。在这些环形山中，有一座"哥白尼环形山"，这座山的外径是124千米，内径是90千米。山口四周的最高点

跟中间盆地地面的距离是1500米。如果你正好站在这座环形山内部的盆地中央，那么你能否在这个地方看到环形山口的顶点？

【解答】要想解答这个问题，需要计算出这个最高点——1.5千米高度上的"地平线"的距离。在月球上，这个距离是：

$$\sqrt{2Rh}=\sqrt{2\times1750\times1.5}\approx23（千米）$$

而一个中等身材的人，他的"地平线"距离是2.3千米，把这两个数值加起来23+2.3≈25千米，就是从山口的最高点可以看到的"地平线"的最远距离。

根据已知条件，在山口的中央与山壁之间的距离是45千米，所以在盆地中央是不可能看到这个山口顶端的。如果计算一下，我们可以得出，要想看到山口的顶点，需要爬到距离盆地中央600米的山坡上才行。

木星上的"地平线"距离

【题目】我们已知木星的直径大概是地球的11倍，那么在木星上，这个"地平线"的距离是多少？

【解答】要解答这个问题，我们先要假设木星表面是一层硬壳，而且是平的。站在木星平原上的人，他可以看到的"地平线"距离就是：

$$\sqrt{2\times6400\times11\times0.0016}\approx15（千米）$$

【练习题】

Q_1：一艘潜水艇的潜望镜露出海面的高度是30厘米，那么通过它可以看到的地平线距离是多少？

Q_2：有一个大湖，它两岸间的距离是210千米，那么飞行员要飞到多高的高度，才可以同时看到两岸？

Q_3：有一位飞行员，在距离640千米的两个城市之间的上空飞行，那么他需要飞到多高的高度，才可以同时看到这两个城市？

Chapter 7
鲁滨孙几何学

星空几何学

在我的眼前，下方是一片深渊，上方的星星布满天空。

不知道究竟有多少星星，也不知道这深渊有多深。

——罗蒙诺索夫

　　曾经，我有一个计划，想去过一段跟平常不一样的生活。说白了，就是跟在航海中失踪的人一样，到他们所处的环境中生活一段时间。从某种意义上说，我想把自己变成另一个鲁滨孙。我想如果我真的有了这样的经历，那么再来写这本书，可能会比现在更有趣一些。但是，也有另一种可能，就是再也没机会写了。事实上，我没有变成鲁滨孙，但我对此并没有感到遗憾。

　　在我还年轻的时候，有一段时期，确实对这件事很有兴趣，并且为此做了非常认真的准备。因为我觉得，即便是一个最最平凡的鲁滨孙，要想在那样的环境中生存，也必须具备其他人所不具备的知识和能力。

　　一旦一个人在海上遭遇海难，被丢弃在一个荒无人烟的孤岛上，他应该先做什么事情呢？我想，他必须首先确定自己被迫居住的这块儿地方在什么位置，也就是这个海岛的经度和纬度。但是，很遗憾，不管是在关于鲁滨孙的旧故事中还是新故事中，这些内容都很少被提及。关于这个问题，我查阅了《鲁滨孙漂流记》的全文本，在这里面，最多只能找到不超过一行的相关描写，而且，这仅有的不到一行的描写还是放在括号中，具体是这样写的：

　　　　在我所在的海岛的纬度上（根据计算，应该在赤道以北9° 22′ 处）……

　　当时，我正在为做新一代的鲁滨孙做着各种准备，结果只看到了这样令人遗憾的非常简短的一行文字，我感觉失望极了。最后，我甚至打算放弃独居荒岛这一伟大的事业。正好在这个时候，我看到了儒勒·凡尔纳写的《神秘岛》一书，它帮助我揭开了这个秘密。

　　我的意思不是让本书的读者朋友也去做鲁滨孙，我只是想在这里谈一下关于确定纬度的最简单的方法，因为你们以后说不定会用到。这个方法不仅对于漂流在海岛上的人会有一些帮助，对于我们"陆地探险"可能也会有所帮助。因为有一些乡村，它们的位置并没有在一般的地图上标绘出来，而且，如果我们在野外，也不太可能随身带着一张精细的地图。所以，关于确定纬度的问题，可能随时会出现在读者朋友们的面前。

　　换句话说，我们不一定非要在海上遇难——像鲁滨孙那样，才有必要确定自己所处的地理位置。

　　说到底，这件事情并不是一件太困难的事情。如果是在一个晴朗的晚上，当你向天空观察一段时间的时候，你就有可能看到这样的现象：天上的星星正在天空中慢慢地沿着一个倾斜的圆弧运动，就好像整个天穹在沿着一条看不见的斜轴慢慢旋转一样。而实际上，这种现象的发生，只是我们在随着地球绕地轴向相反的方向旋转而已。对于北半球来说，天穹上只有一点是静止不动的，就好像地轴的延长线支在这一点上似的。这就是天球上的北极，它的位置距离小熊星座尾尖上的一颗星不是很远，我们把这颗星叫作北极星。在北半球上的人，只要找到北极星，就相当于找到了天球上的北极。其实，找到它并不难，只需要找到我们熟悉的大熊星座（或北斗七星），然后沿着大熊星座边上两颗星连线的方向看去；在距离大熊星座大概等于整个大熊星座长度的地方，就可以看到北极星，如图105所示。

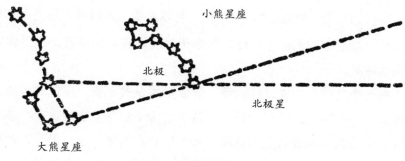

图105　找到北极星。

　　北极星就是我们判断地理纬度的天球上的第一个点。第二个点是什么呢？就是我们头顶上空的那个点，也就是"天顶"。那么，什么是"天顶"呢？其实，就是在你站立的位置，把通过你的地球半径向上延长，这个延长线与天空的交点。这时候，天空中"天顶"的位置跟北极星之间弧线的角距，就是你所在的地方和地球的北极之间的角距。比如，在你站立的地方，"天顶"距离北极星的角距是30°，那么你跟北极星之间的角距也是30°。如果你跟赤道之间的角距是60°，你就在北纬60°的位置上。说到这里，我们知道了，要想判断某个位置的纬度，只需要测量出这个位置的"天顶"和北极星之间的角度，然后用90°减去这个测量出的度数，就是纬度了。不过，在实际情况下，通常采取另一种方法。"天顶"跟地平线之间的角度是90°，所以用90°减去"天顶"和北极星之间的角度，就相当于北极星和地平线之间的角度。前面提到的那个差值，就是北极星在地平线上的"高度"。所以，某个位置的地理纬度就等于北极星在这个位置的地平线上的"高度"。

　　那么，现在我们已经知道，要想判断一个地方的纬度应该怎么做了。在一个晴朗的晚上，从天空中找到北极星的位置，然后求出它射向北极星与地平线射线之间的角度。这个值就是我们所在位置的纬度。如果你想把这个纬度的数值计算得更精确一些，就需要考虑北极星并不是正好在天球的北极，而是在距离北极后面大约 $\left(1\frac{1}{4}\right)°$ 的位置上。所以，北极星的位置并非静止不动的，而是绕着天球的北极运转，它一直在一个小圈中旋转，并且上下左右始终保持在 $\left(1\frac{1}{4}\right)°$ 的位置上。这时候，可以测量出北极星在最高点和最低点时的高度，然后取它们的平均值，就是天球北极真正的高度，也是你要测量的正确的纬度。

　　还有一个问题，如果这样的话，好像根本没有必要一定挑北极星来计算这个纬度，我们可以选任何一颗在天球的北极不会落下去的星星，并测量出它在天空中最高点和最低点的高度，然后取它们的平均值，但是，如果这么做的话，必须注意一点，就是要知道选定的这颗星在最高点和最低点位置的准确时间。这样似乎又把事情弄得更复杂了。而且，如果这样做的话，选定的这颗星也不一定在同一个夜间达到最高点和最低点，也就是不一定能在同一个夜间完成测量。所以，如果只是进行一个近似的测量，还是北极星比较好。至于刚才提到的北极星跟天球北极之间的那点差别，可以忽略不计了。

在前面的分析中，我们都是假设在北半球来测量纬度的。如果是在南半球呢，应该怎么测量？其实，跟北半球是完全相同的，不同的是，在那里，应该找到天球的南极，而不是北极。只是，很遗憾，在天球的南极附近，并没有北极星这样的星星存在，南十字座倒是比较明亮些，但是它的位置距离南极远了一些，如果用这个星座来判断纬度，必须采取刚才提到的方法，测量出这颗星在最高点和最低点的位置，然后取它们的平均值。在儒勒·凡尔纳的小说中，主人公就是利用了天球南极上这个美丽的星座，判断出"神秘岛"的纬度的。

神秘岛纬度的测算

《神秘岛》中，有一段关于判断岛纬度的描写，这对于我们非常有帮助，所以，我现在把它抄下来。通过这段描写，我们可以看到，在没有仪器测量角度的情况下，这些新的鲁滨孙是如何解决这个问题的。

已经到了晚上8点钟了，月亮还没有出来，不过，在地平线上，已经洒上了一片银白色的光辉。在天穹上，闪烁着南半球的一些星座，其中有一个南十字星座，斯密特工程师盯着这个星座，观察了一段时间。

只见他思索了一会儿后，说："赫伯特，今天是不是4月15日？"

"是的，先生。"赫伯特回答道。

"一年之中，有4天的实际时间跟平均时间是相等的，如

果我没有弄错的话，明天应该是其中的一天，也就是说，在明天太阳经过子午线的时候，我们的钟表应该正好指在正午的位置。如果明天是晴朗的天气，我就可以粗略计算出我们所处的这个岛的经度了。"

"没有仪器也可以吗？"

"当然。今天晚上天气很晴朗，所以我现在先测出南十字星座的高度，然后测量出南极距离地平线的高度，并通过这些判断出这个岛的纬度。明天中午，如果天气仍然晴朗的话，我就可以判断出这个岛的经度了。"

如果这位工程师手里有一个六分仪（利用光线的反射原理，这个仪器可以精确地求出物体的角距），他可以非常容易地完成这个测量任务。在第一天晚上测量出南极的高度，在第二天白天，当太阳经过子午线的时候，他就能知道这个岛所处的地理位置，也就是纬度和经度了。但是，他没有六分仪，所以他只能另想办法了。

只见工程师走进山洞，借着火堆的熊熊火光，利用小锯锯下了两根方形的木棒，并把两根木棒的一端钉到了一起，做成了一个圆规，而且圆规的两只脚还可以开合。工程师在木柴的中间找到了一些金合欢的刺，把它们装到圆规上，当作圆规的铰链。

做好圆规之后，工程师回到了岸边。他要测量南极在地平线上的高度，也就是在海面上的高度。为了更便于观察，他跑到了那个眺望岗上。当然，在计算的时候，需要考虑这个眺望岗距离海面的高度。

在初升月亮的光芒照耀下，地平线显得非常清楚，测量的时候非常容易。在天空中，南十字座是反着"悬挂"的，跟星座上的其他星星比起来，它底部的 α 星距离南极更近一些。

实际上，这个星座跟南极的距离并不像北极星那样距离北极非常近。α 星距离南极27°，工程师是知道这一点的。所以他打算把这个值也放到计算中，这样的话，只要等待这颗 α 星经过子午线，他可以减轻很多测量的工作。

　　工程师斯密特把他刚制作好的圆规的一只脚朝向水平的方向，另一只脚朝向南十字星座的α星。这样，他测得的角度就是α星在地平线上的高度。为了固定住这个角度不变，他把一条木捧横贯在了圆规的两只脚上，并用几个金合欢的刺把圆规的两只脚固定住了。这样，就可以保持圆规的形状不变了。

　　现在，就是求所得角的度数了，并且通过这个度数换算出高出海平面的度数。由于地平线比他的位置低，他还需要测量出眺望岗的高度。这个角的数值是南十字座α星的高度，换句话说，也是南极在地平线上的高度，所以，这就是这个岛的纬度。这是因为，地球上的任何一个位置，它的纬度都等于天球的北极或者南极在这个地方的地平线上的高度。这个数值，工程师决定明天测量。

那么，高岗的高度怎么测量呢？在本书的Chapter 1中，我们已经学习过，这里就不再重复了。所以，我们把小说中的这一段略掉，来看看工程师后面是怎么做的。

　　工程师又拿出了前一天晚上做成的圆规，他已经利用这个圆规测量出了南十字座的α星和地平线之间的角度。他开始测量这个角的度数。只见他把一个圆分成了360份，这样就可以用它来测量角度了。通过这个方法，测得的角度是10°。然后，得出南极在地平线上的高度，就是把测量出的10°加上α星跟南极的角距27°，再加上刚才测量的时候站立的眺望岗的高度，海平面上的高度就是37°。如果考虑到由于测量不准确可能导致的误差，我们可以说，这个岛的位置在南纬35°～40°。

　　现在，纬度已经测量出来了，就剩下经度了。工程师打算在太阳经过岛上的子午线时，把小岛的经度也测量出来。

需要说明的是，工程师不是在海平面上，而是从高岗上进行测量的。所以，从观察者的眼睛到地平线的直线，跟垂直于地球半径的直线并不是完全

吻合的，而是成一个非常小的可以忽略不计的角度。所以，小说中的工程师斯密特，确切地说，应该是作者儒勒·凡尔纳，是不需要考虑这个问题的，否则会把简单的问题复杂化。

神秘岛经度的测算

下面我们来看一下，在儒勒·凡尔纳的小说中，关于测定经度的几段描写：

工程师的手中没有任何测量仪器，那他该怎么判断太阳经过岛上子午线的准确时间呢？赫伯特非常关心这个问题。

没想到，工程师把这次测量需要的一切东西都准备好了。只见他在岸边选了一块被海潮冲刷得又干净又平整的地方，并把一根6英尺长的木棍竖直地插到了沙土中。

看到这些，赫伯特突然明白了工程师要怎么判断太阳经过岛上子午线的准确时间，就是怎么判断岛上的正午时间。原来，工程师想利用木棍投在沙地上的阴影来判断正午的时间。从某种意义上说，这个方法并不精确，但是在没有工具的情况下，利用这个方法，还是可以得到比较满意的结果的。

从理论上来说，当木棍的阴影最短的时候就是岛上的正午时间。所以，只要仔细观察木棍顶端阴影的运动，注意阴影不再缩短并开始增长的时间，就行了。这里的木杆阴影就相当于时针在钟表面上的移动一样。

根据斯密特工程师的估算，到了观察时间，他跪到了地上，并把一些小木棍不停地插到沙土中，标出木棍顶端阴影的位置。

工程师的伙伴，也就是那位记者，手里拿着一只表，打算记录下阴影最短时候的时间。前文中曾提到，工程师是在4月16日进行观察的，这一天正好是一年当中真正的正午和平均正午相吻合的4天当中的一天，所以记者手上的表所指示的时间，跟华盛顿子午线的时间是一致的。他们就是从华盛顿出发的。

太阳在缓慢移动着。木棍的阴影也在慢慢缩短。终于，工程师看到，木棍的阴影开始变长。于是，他马上问道："现在是几点钟？"

"现在是五点零一分。"记者答道。

工程师的观察就这样完成了。

现在，剩下的就是一个简单的计算了。

根据观察结果，我们知道，跟华盛顿的子午线时间相比，这个岛上的子午线差了大约5个小时。也就是说，当岛上是正午的时候，华盛顿是下午的5点钟。在太阳的运动中，每4分钟大概走1°，也就是说，每小时走大概15°。那么：

$$15° \times 5 = 75°$$

华盛顿在格林尼治子午线（也就是我们常说的本初子午线）西面77° 3′ 11″的子午线上，所以这个岛大概在西经77° +75° = 152° 上。

考虑到观察的误差，我们可以得到这样的结论：这个岛位于南纬35° ~ 40°，西经150° ~ 155°。

最后，需要指出的是，测量某个位置的经度有很多种方法，在儒勒·凡尔纳的小说中，主人公所采用的方法，只是其中的一个。另外，对于测量纬度来说，也有很多方法可以比这里的方法测量得更精确。而且，在航海中，这里的方法就是不适用的。

Chapter 8
黑暗中的几何学

少年航海家 遇到的难题

前面，我们一直在广阔的田野和海洋中自由地遨游，现在，让我们到一条老旧木船的底舱里去，那里狭窄而黑暗。在爱尔兰小说家和儿童文学作家马因·里德的小说中，主人公就是在这样的环境中解答出了一些几何学上的问题，并且回答得非常圆满。在我看来，当时他所处的环境，对于我们读者朋友来说，肯定从来没有遇到过。

小说的名字叫《少年航海家》，在有地方也被翻译成《船舱的底层》，在这篇小说中，马因·里德讲述了一个少年探险家的故事。这位少年很喜欢航海，但是他没有那么多钱支付旅行的费用，所以他就偷偷藏到了一艘木船的底舱里，关于主人公在这里面独自度过的那段航行时光，作者进行了详细的描写。如 **图106** 所示，少年躲在阴暗的底舱中，不停地在行李货物之中摸索，竟然意外地找到了一盒干面包和一桶水。这个少年清醒地知道自己的处境，所以他必须倍加珍惜这些数量有限的食物和水，不能浪费一点儿。所以少年打算，按每天一定的份额，把面包片和水分开。

要把干面包片按每天的分量一片片分开，当然很容易，但是水怎么办呢？少年并不知道水的总量是多少，那每天该分多少呢？少年遇到了这个难题，但是少年最后还是解决了这一问题，下面，我们就来看看这位少年是怎么解决的。

图106 少年航海图。

如何测量水桶中有多少水

在马因·里德的笔下，少年航海家是这样测量水桶中的水的：

我要给自己定出一个每天饮水的分量，所以我首先应该知道在这个水桶中，究竟装了多少水，然后再把这些水按每天的分量分配好。

我在村里的小学读书时，数学老师曾经教了我们一点儿几何学的基本知识，多亏当时我记住了。现在，对于立方体、角锥、圆柱和球，我已经有了一定的认识。而且，我还知道一只木制的大型水桶，可以把它看成两个大底面相接的圆台。

要想计算出大桶里面水的容量，首先要知道桶有多高（实际上，桶里的水只有半桶）。然后还要知道水桶底部或者水桶顶部圆周的长度，以及水桶中间截面圆周的长度，也就是水桶中间最粗的地方的圆周长度。知道了这3个数值，利用几何学上的知识，就可以计算出水桶中的水到底有多少了。

现在的问题就是：如何测量这3个数据，这才是问题的关键，也是最大的困难。

该如何测量呢？要想测量这个水桶的高度，貌似不是很难，可是周长该怎么测量呢？水桶那么高，我的个子又太小了，根本够不到水桶的顶部，而且周围有那么多箱子，测量起来也不方便。

我的手中没有尺子之类的工具，也没有可以进行测量的绳子。在手里没有任何测量工具的情况下，该怎么知道这些长度或者高度呢？但是，即便再困难，我也绝对不会放弃，我要好好地思考一下。

149

自制测量尺

接下来，马因·里德继续讲着故事。他说到了小说的主人公是如何得到前面提到的几个数据的：

在确定要测量出大桶里面水的容量大小的时候，我好像突然想到了什么，而且那就是我现在需要的东西。我想，应该是一根可以通过水桶最粗地方的长度的木棍，它能帮助我测量出我想要的数据。如果有这样一根木棍，我就可以把它放到桶中，把木棍的两头抵在桶壁上。这样我就可以测量出水桶的直径，然后把它乘以3，就得到了周长。虽然测量和计算得并不精确，但是对于现在的情况来说，已经够用了。

刚才，为了喝水，我在水桶最粗的地方穿了一个小孔，所以我正好可以把木棍从这个小孔里穿进去，一直顶到对面的桶壁，这样就可以得出水桶最粗地方的直径了。

但是，我到哪里去找这根木棍呢？其实，这难不倒我，我不是有一个装干面包片的箱子吗？我可以利用它来做一个。现在，就来做这个工作！箱子的木板长度是60厘米，似乎短了点儿，水桶的宽度可能比它长了1倍还不止。不过没关系，只要有3根短木棍，并把它们接起来，就得到我需要的长度了。

于是，按照木纹的纹路，我把木板劈开，做成了3根光滑的短木棍。用什么东西绑它们呢？我又想到了鞋带。鞋带有1米长，足够了。我把3根短木棍一根接一根地绑到了一起。最后，我有了一根大概1.5米长的长木棍。

做好了准备工作后，我打算进行测量。可是，这时候，我又遇到了一个新问题，船舱底层太狭小了，木棍又太长，我根本没有办法把它插到水桶中。如果把木棍弯曲的话，我又怕把它弄断。

不过，我马上就想到了一个办法，可以把长木棍插到水桶中。我是这样想的：先把捆绑木棍用的鞋带解开，把长木棍分开，然后，把三根短木棍一根接一根地插到孔中，不过，第一根插进去后，要把它跟第二根接起来，然后再接上第三根。

我把长木棍一直插了进去，直到木棍的另一头抵到了对面的桶壁。然后，我在长木棍和水桶外壁相接的地方做了一个记号。只要从测得的长度中减去桶壁的厚度，就可以得出我需要的数值了。

利用同样的方法，我把长木棍拿了出来，并且标记了每一根木棍连接的地方。这样，把它们全部取出来之后，我就可以按照刚才的标记，再把它们连接起来，并测量出它在水桶中的长度了。我必须小心地完成这一切，因为一个看似很小的测量误差，在最后的计算中都可能会产生较大的误差。

到此为止，我终于测量出了圆台的底面直径。现在，我还需要知道圆台顶面的直径，也就是水桶底面的直径。这很简单，我把长木棍放在桶上，然后在桶底的相对两点和长木棍相交的地方做一个标记，就算完成了，花的时间还不到一分钟。

最后，需要知道的就是水桶的高度了。你可能会说，把长木棍竖直放在水桶旁边，在长木棍上做出高度的标记，不就行了？实际上，船舱底下漆黑一片，我根本没有办法看到长木棍顶端和水桶顶部相平的具体位置。我能做的只是用手摸，如果这样的话，我必须摸到长木棍上跟水桶顶部相平的地方，同时还要防止长木棍发生倾斜，不然的话，测量出的高度就不准确了。

经过一番思索，我想到了一个办法可以解决这个困难。只需要把刚才的两根短木棍接到一起，并把另外一根放在水桶的上面，并使露出水桶边的部分在30厘米～40厘米，然后，把长

木棍贴在露出来的那一部分上，并且使它们相互垂直，也就是使它们的夹角成直角。这样，长木棍就跟桶的高度相平了。然后，我在长木棍和水桶最突出的地方，也就是水桶的正中间相交的地方做一个标记，再减掉桶顶的厚度，就得到了水桶高度一半的值。也就是说，得到了圆台的高度。

到此为止，我得到了解答问题所需要的全部数据。

少年航海家又遇到了新难题

不过，在少年航海家前面，还需要克服一些困难。马因·里德接着写道：

这样计算出的水桶容量是立方单位的，还得再换算成 加仑 。

1加仑≈277立方英寸≈$4\frac{1}{2}$升

这样，只要做一些算术上的演算就可以了。这是很容易做到的。

但是，演算的时候，我手头并没有纸笔，而且我是在一片漆黑的船舱底下，即便有纸笔，对我来说也没有任何用处。多亏我以前学习过心算，并用它演算过四则运算题。刚才测量出的数据并不太大，所以对于这样的演算，并不是很困难。

不过，我又遇到了一个新的问题，我手中一共有3个数据：两个底面的直径和圆台的高度。但是，这3个数据的值到底是多少呢？在做演算之前，必须首先解决这一问题。

刚开始的时候，我觉得这个困难无法克服，因为我的身边没有任何测量用的尺子，如果想不到办法，就只能放弃演算这个题目了。

突然，我想到了一件事。在码头上的时候，我曾经给自己测量过身高，大概是4英尺。对我来说，这个数据会有什么用处呢？很明显，我可以把身高这个数据刻到长木棍上，并以此为后面计算的基础。

　　我在地板上把身体挺直，然后把长木棍的一端放到脚尖的前面，另一端贴在额头上，用一只手扶住长木棍，另一只手放在正对我头顶的地方，在长木棍上做了一个标记。就这样，我标记了自己的身高。

　　接着，我又遇到了新的难题。刚才，我只得到了4英尺木棍的长度，这还不够，我必须知道更小的尺寸单位。我打算这样做：在刚才的4英尺木棍上均分48等份，这样，我就得到了1英寸的长度，然后把这个长度一个个地刻到长木棍上。这个办法看起来似乎很简单，但是在实际操作中，由于我处于一片漆黑的环境中，完成起来还是比较困难的。

　　首先，要在4英尺长的木棍上找到它的中点。怎么办呢？把这根木棍分成相等的两段，然后再把每段等分12英寸吗？

　　我又想到了方法。首先，我找了一根比2英尺稍长一些的短木棍，并用它测量了一下长木棍上4英尺的长度，我知道，短木棍长度的两倍比长木棍要长一些，于是，我把短木棍削短了一些，然后再试。就这样，在试到第五次的时候，我终于得到了一根2英尺长的木棍，它的两倍长度正好是4英尺。

　　这个过程花了我很多的时间。不过，没关系，我有的是时间。而且，我甚至感到很高兴，这样可以打发一些时间。

　　然后，我又想到了另一个方法，可以缩短做类似工作的时间。方法也很简单，就是用鞋带代替短木棍。跟木棍不同的是，鞋带可以很容易地对折成相等的两段。我把两条鞋带的一头接起来，就有了1英尺的长度。接着，我开始了测量。一直到刚才为止，只需要分成两个相等的部分就行了，这很容易做到。但是，接下来，就稍微有点儿麻烦了，我需要把它分成相

153

等的3份，不过，我同样做到了。这样，我手中就有了3段4英寸长的鞋带。只要把它对折再对折，就得到1英寸的长度了。

我终于有了刚才缺少的东西。我是可以用来在长木棍上刻出1英寸的分度。根据刚才得到的1英寸长的鞋带，我在长木棍上仔细地刻着记号，把它分成了48个等长的部分。我的手中有了一根可以精确到英寸的尺子，通过它，就可以测量这3个长度了。直到现在，我才算是完成了整个测量任务。

然后，就是计算了。在测量出圆台两个底面的直径后，我取了它们的平均值，然后根据这个平均值，计算出了以它为底面直径的圆面积。这样，我就得到了跟圆台同样大小的圆柱的底面积，再乘上水桶的高度，就得到了水桶的容积（用立方英寸表示）。

我把刚才计算出的立方英寸数除以69，得到了水桶容积的

夸脱 数。

1夸脱＝69立方英寸

最后，得到的结果是，这个水桶中一共有100多加仑的水，确切地说，是108加仑。

木桶容积的验算

如果读者朋友们学习过几何学知识，肯定会发现这样一个问题：在马因·里德的小说中，少年航海家在计算两个圆台的体积时，所采用的方法是不精确的。如图107所示，如果我们用r表示圆台小底面的半径，用R表示大底面的半径，用h表示桶高，每个圆台的高度就是$\frac{1}{2}h$。少年用下面的式

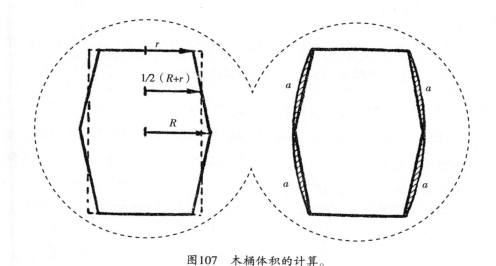

图107　木桶体积的计算。

子计算容积：

$$\pi\left(\frac{R+r}{2}\right)^2 h = \frac{1}{4}\pi h(R^2+r^2+2Rr)$$

但是，根据几何学的知识，圆台的体积计算公式为：

$$\frac{1}{3}\pi h(R^2+r^2+Rr)$$

可以看出，这两个式子是不相等的，通过计算，我们可以得到，后者比前者要大一些，这个差值是：

$$\frac{\pi h}{12}(R-r)^2$$

如果学习过代数学，我们就会知道，这个差值$\frac{\pi h}{12}(R-r)^2$是一个正数，也就是说，少年航海家得出的结果比实际结果要小一些。

那么，究竟小多少呢？这可是个很有意思的问题。一般情况下，在制作的时候，水桶最粗的地方要比底面直径大$\frac{1}{5}$。也就是说，$R-r=\frac{R}{5}$。假设小说中的那个水桶就是这样的，那么，我们可以求出两个圆台的体积跟实际体积的差值：

$$\frac{\pi h}{12}(R-r)^2 = \frac{\pi h}{12}\left(\frac{R}{5}\right)^2 = \frac{\pi R^2 h}{300}$$

如果把 π 看作3的话，这个差值就是 $\dfrac{R^2 h}{100}$。也就是说，如果按照少年的计算方法，得到的体积跟实际体积的差值正好是以水桶的最大横截面作为底面、以水桶高度的 $\dfrac{1}{100}$ 作为高的一个圆柱的体积。

其实，实际的差值比上面的结果还要大一些，这是因为水桶的容积比两个圆台体积的和要大。从图107（右）可以看出，少年在计算的时候，并没有考虑图中阴影的部分，他把这部分忽略了。

前面关于水桶容积的计算方法，并不是马因·里德小说中描写的那位少年航海家自己想到的。在很多初等几何学书籍中，都利用这个方法来计算水桶容积的近似值。需要说明的是，要想精确计算出水桶的容积是很难的，对于这样的题目，在17世纪的时候，德国的天文学家 开普勒 也花了一番心血，试图求出它的精确值，在他留给后世的一些论文中，还有关于这个题目的专门讨论。但是，迄今为止，还没有找到可以求出精确值的简便方法。现在，人们只能通过实际经验，计算出一个近似值。比如，在法国南部，人们是用下面的公式来计算的：

> 约翰尼斯·开普勒（1571~1630），德国天文学家，发现了行星运动的三大定律：轨道定律、面积定律、周期定律。

$$水桶的容积 = 3.2hRr$$

实践证明，这个公式非常好用。

说到这里，还有一个问题，不知道读者朋友想到没有，就是：为什么要把水桶造成凸肚的形状呢？这样又不便于测量。为什么不把它造成标准的圆柱形状呢？其实，有很多桶的形状是圆柱形的，不过都是一些金属原料制成的，而不是木头制成的。那么，为什么要把木桶造成凸肚的形状呢？难道这种形状有什么优势？

是的，之所以把木桶造成凸肚的形状，就是因为这样可以很容易地把套到木桶上的桶箍套牢。在木桶的一头套上桶箍之后，用锤子把它向凸肚的地方敲下去，就可以把桶箍牢牢地套在木桶上，这样木桶就会非常坚固。

同样的道理，所有用木头制成的水桶、水盆等，都要造成这种圆台的形状，而不是圆柱形，如图108所示，桶箍都是用同样的方法敲上去的，从而把水桶箍紧。

图108　桶箍可以把桶箍紧。

说到这里，我想顺便提一下开普勒关于这个题目的见解。在发现行星运动的第二定律（面积定律）和第三定律（周期定律）时，开普勒就注意到了木桶的形状问题，并进行了一些研究，他还以此为题，写了一篇论文，题目是《酒桶的立体几何学新论》。在论文的开头，他是这样写的：

　　根据制造材料和使用需要，盛酒用的大桶有很多形状，有的是圆锥形，有的是圆柱形。如果把液体存放在金属制成的容器中，经常会因为锈蚀而腐败；而玻璃制成的容器或者陶器又不够大，也不够坚固，石头制成的器皿又太重，也不适合。所以，保存酒的办法只有一个，就是把它装在木头制成的容器中。如果把整个树干挖空，来制作木桶，这样制成的木桶不够大，而且也很难大量制造，即便造成了，也有可能破裂。所以，只能把一片片的木板拼凑起来，来制造这种木桶。最后，就是如何防止液体从缝隙间渗漏的问题了，即便用任何可能想到的材料填塞，都是不可能的，唯一的办法就是用桶箍把它们箍紧……

　　如果可以用木板制成一个球形的容器，那是最好不过了。但是，要想把木板箍成一个球形，这是不可能的，所以只好采用圆柱形了。而且，这个圆柱形还不能是十分标准的圆柱形，否则随着使用时间的延长，桶箍会变松，也就没有用了，没法继续箍紧那些木板了。所以，这个圆柱形必须是类似圆台的形状，木桶的中间要粗一些，这样，如果桶箍松动了，还可以继续向中间移动，箍紧木板。而且，这种形状便于搬运，汲取里

面的液体也比较容易。另外，它的两边是对称的圆形，滚动起来也很容易，还非常美观。

这就是论文中的一段，读者朋友可不要以为这只是开普勒在随意调侃，这其实是一篇十分严肃的论文，其中，他引入了无穷小和微积分的原理，通过这个木桶，以及它体积的计算方法，把开普勒引向更深入的数学思维之中。

马克·吐温夜游记

马克·吐温（1835~1910），美国著名作家，演说家、代表作有《百万英镑》《汤姆·索亚历险记》。

在马因·里德笔下，那位少年航海家在恶劣的坏境中表现出了惊人的机智和灵巧。这一点，不能不使我们为之折服。在他所处的环境下———一片漆黑，如果换成我们，可能连辨别方向和自己的位置都不可能做到，更不用说在这样的条件下进行一些测量和计算了。有一个人，可以跟这个故事相媲美，他就是大幽默家马克·吐温。

他跟马因·里德来自同一个国家，经历了一件类似的非常有意思的事情。在旅馆的一间黑暗房间中，他度过了一整夜。这件事情说明了这样一个问题：如果在一间黑暗的房中，你对房间里的陈设并不熟悉，那么要想对这间普通陈设的房间有一个正确的印象，是非常困难的事情。下面，我们就从马克·吐温创作的《国外旅行记》中摘录这个有意思的故事：

我醒来之后，感觉很口渴。这时，我的脑际浮出一个美好的念头，就是穿上衣服，走到花园里，去呼吸一下新鲜的空气，然后，在喷泉旁边洗一下脸。

我从床上爬了起来，开始找我的衣物。我首先找到了一只袜子，但是，第二只在哪儿呢？我不记得放在哪里了。于是，我十分小心地下了床，在床的四周胡乱摸索了一阵，结果一无所获。然后，我又向稍远一点儿的地方摸索。距离床的地方越走越远，不仅没有找到袜子，我还撞到了家具上。我记得，当我睡觉的时候，周围的家具没有这么多啊！可是，为什么现在整个房间都充满了家具？好像到处都是椅子，难道在我睡觉的时候，房间里又搬来了两家人？在黑暗中，这些椅子我一张也看不到，但是我的头却不停地碰到它们上面。最后，我不得不决定：少一只袜子也无所谓，照样可以生活。于是，我站了起来，开始向我以为的房门走去。结果，我在一面镜子中看到了自己朦胧的脸孔。

　　很明显，我已经完全迷失了方向，而且，我根本不知道自己在什么地方，一点儿印象也没有。如果房间里只有一面镜子，我还可以借助它辨认方向，但是很不幸，房间里有两面镜子，这就跟有一千面一样，太糟糕了。

　　于是，我又想顺着墙走到门口。接着，我便开始了新的尝试，结果又把墙上的一幅画碰了下来。其实，这幅画并不大，但是掉在地板上却发出了巨大的声音。跟我在一间房里的，还有葛里斯，他躺在床上没有起身，但是，如果我继续这样摸索下去，肯定会把他吵醒的。我又开始向另一个方向尝试。我想重新找到那张圆桌子，刚才，我有好几次从它旁边走过，我打算从那里摸到我的床上，只要找到了床，我就能找到盛水的玻璃瓶，这样至少可以缓解一下口渴了。我想到了一个好办法：我趴到地板上，用两臂和两膝爬行。我曾经使用过这个方法，所以我对它非常信任。

　　最后，我终于找到了桌子，不过，是我的头先碰到了它，并且发出了还不算很大的响声。于是，我再次站了起来，并且向前伸出张开五指的双手，想平衡自己的身体。我就这样缓缓

向前行进。接着，我又摸到了一把椅子，之后是墙，然后又是一把椅子，再然后是沙发，接着是我的手杖、一只沙发……这简直太不可思议了。我非常清楚地记得，房间中只有一只沙发啊！接下来，我又碰到了桌子，而且还撞疼了一次，之后我又碰到一些椅子。

这时候，我才想起来，我究竟应该怎么走，我知道，桌子是圆的，所以它不能成为我"旅行"的出发点。于是，我带着侥幸的心理朝椅子跟沙发之间的中间走去，但是我又陷入了一个完全陌生的环境中。在"旅行"途中，我还把壁炉上的烛台碰了下来，接着把台灯也碰到了地板上。最后，把盛水的玻璃瓶碰到了地板上，砰的一声打碎了。

"呵呵，"我心里想，"我终于找到你了，我的宝贝！"

"有贼！快来抓贼呀！"葛里斯叫喊起来。

于是，整间房子马上人声鼎沸起来。旅店的主人、旅客，还有仆人，纷纷拿着蜡烛和灯笼跑进了房间。

我向周围看了看，原来，我站在了葛里斯的床边。靠墙的地方，只有一张沙发，也就是说，我碰到的只有一张椅子！整个半夜，我不但像行星一样，一直围绕着它旋转着，而且还不停地像彗星一样跟它碰撞。

根据我的步测，在半夜中，我大概走了47英里的路。

这就是那篇故事，最后的这一段，夸张得令我们无法相信：在几个小时的时间里，一共走了47英里的路，这是不可能的。但是，其他的描述却是真实的，而且，非常具体地表现了这样的场景：当我们在一间不熟悉的黑暗房间中，会发生一些胡乱碰撞的喜剧性事件。所以，我们应该对马因·里德笔下的少年感到佩服，他精妙的方法和坚强的毅力值得我们学习。而且，他不仅能在黑暗中辨认方向，还在这样恶劣的条件下解答了非常困难的数学题。

在马克·吐温半夜转圈的故事中，指出了一个非常有意思的现象：当人的眼睛被蒙上的时候，他根本不可能沿着直线行走，肯定会偏斜到边上去。他会一直以为自己在沿着直线走，而实际上，已经在走弧形了，就如 **图109** 所示。

其实，在很久以前，人们就已经注意到，如果不携带指南针，行走在荒漠中，或者在有暴风雨的草原上，或者在浓雾中，都不可能沿着直线方向走，而是会走成一个圆圈，还有可能不停地回到一开始的出发点。如果按照一般的速度，这个圆圈的大小也基本固定，半径大概是600米～100米。如果走得快一些，这个圆圈的半径就会小一些，也就是说，速度越快，偏离的方向也越大。

在黑暗中绕圈子

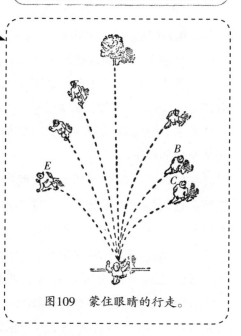

图109　蒙住眼睛的行走。

人们曾经做过一些实验来验证这一情形，下面就是其中一个。

在绿色平滑的机场上，整齐地排列着整整100名未来的飞行员。他们的眼睛被人们蒙了起来，然后让他们一直向前走。于是，他们迈出了步伐……一开始，他们走得还比较直。接着，其中的一些人开始向右偏转，还有一些开始向左偏转，并且逐渐转起圈来。最后，他们又回到了自己已经走过的足迹上。

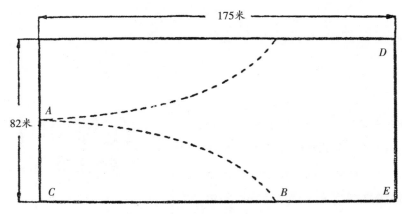

图110 马尔克广场的实验。

如图110所示，在威尼斯的马尔克广场，也进行过一次类似的实验。这个实验非常著名。一些人被蒙上眼睛，然后被送到广场的一端。在他们的前方是一座教堂，组织者让他们蒙眼走到教堂去。从他们站立的地方距离教堂只有175米，教堂的宽度是82米。但是很遗憾，在他们中间，没有一个人最后到达了教堂。他们都偏到了边上，他们行走的路线都是弧线形的，很多人还碰到了旁边的柱子。

在儒勒·凡尔纳写的小说《哈特拉斯船长历险记》中，也有一段类似的描写，讲的是一为旅行家在积雪的荒漠中遇到了一些脚印，读过的人应该会有印象。

朋友们，这些脚印是我们自己的！"博士喊道，"我们迷路了，在这样的大雾中行进，我们又回到了自己走过的脚印上来……

在很多古典文学作品中，都有类似情形的描写，比如，在托尔斯泰写的《主人和工人》一文中，有这样一段描写：

瓦西利·安德烈把他的马向一个方向赶去，他认为那边有树林和道路，虽然不知道他是怎么判断的。雪下得非常大，他的两眼根本无法睁开，狂风阻挡着他，努力想使他停下来，但是他还是使劲儿前倾着身子，继续不停地驱赶着他的马。

大约过了5分钟，他走的路线似乎是直的。漫天飞雪的荒原中，除了马头，他看不见任何东西。

突然，在他的面前出现了一些乌黑的东西。他高兴极了，马上朝着这个乌黑的地方奔去，就好像看到了乌黑之中的房屋墙壁。但是，这个乌黑的东西竟然是一株长在田畦上的高大的苦艾。在狂风的摧残下，这株苦艾的形状竟然使瓦西利·安德烈猛地战栗了一下。于是，他继续加紧驱赶他的马，他根本没有注意到，当他接近这株苦艾的时候，他已经完全脱离原来的方向了。

过了一会儿，在他的前面又出现了一片乌黑的东西，没想到，还是一株苦艾，而且仍然是一种被狂风摧残过的景象。在它的旁边，是一些马蹄印，已经被风吹得朦胧不清了。于是，瓦西利·安德烈停下了脚步，弯下了腰，仔细观察了一番，这些已经被风吹乱了的脚印，是一些马蹄的印迹，而且正是他的马的脚印。他明白了，在不知不觉中，他一直在围绕着一个圆圈走。

在挪威，有一位生理学家，名叫古德贝克。在1896年，他对这种蒙上眼睛打转的问题进行了专门的研究。他搜集了很多类似情形的例子。下面，我们就来列举两个。

在一个雪夜里，有3个旅行者放弃了大路不走，他们想从宽度达到4千米的山谷中穿过去，按照 图111 所示的虚线方向回家。在行走中，他们不自觉地偏向了右边，最后走的路线就像图中箭头所示的曲线那样。根据他们自己的推算，走了一段时间后，他们觉得应该到达目的地了，但是，实际情况是，他们又走回到刚才出发的那条大路上了。于是，他们再次离开大路，准备继续穿越山谷，结果他们这次偏得更厉害了，又回到了出发的地方，他们又尝试了第三次、第

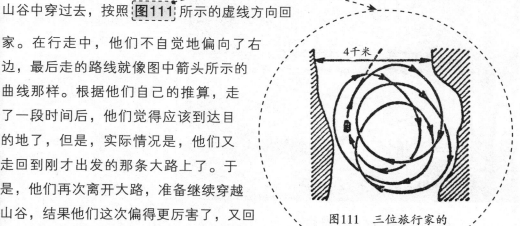

图111 三位旅行家的行走轨迹。

四次，结果，都失败了。最后，他们又怀着希望走了第五次，结果还是失败了。他们只好放弃这种尝试，在山谷中等待着白天的到来。

在昏暗无星的夜间，或者在浓雾重重的情况下，要想在大海里让一只小船沿直线航行，就更困难了。

如 图112 所示，在浓雾中，划船的人想划过一个宽度4千米的海峡。其间，他们有两次都划到了对岸的旁边，但是都没有到达，而且在毫无知觉的情况下，在海峡中划了两个大圈。最后，他们还是划到了一开始出发的地方。

这种迷失方向的情况，在一些动物身上也时常发生。北极的探险家对此有深刻的体会。那些拖拉雪橇的动物，经常在雪地上画着大圆圈。如果把一只蒙上眼睛的狗放到水里，让它在水里游泳，它一样会在水里打起转来。同样，一只瞎了眼的鸟儿在空中飞行的时候，也会打转。一只被枪打伤的野兽，可能会因为恐慌而失去方向感，在逃窜的时候，也会不走直线，而是走螺旋形的曲线。

动物学家证明，水里的蝌蚪、螃蟹、水母，甚至微生物阿米巴，也会这样，沿曲线方向行进。

前面说了很多人和动物在黑暗中打转的例子。在这样的情形下，他们为什么不走直线而走曲线呢？

乍看起来，这个问题好像有点儿神秘，但是如果人们正确地提出这个问题，就谈不上什么神秘了。

事实上，我们不应该问："为什么人和动物都走圆圈？"而应该

图112　在浓雾海峡中行驶的小船。

问："要想让他们走直线，需要具备什么条件？"

我们都见过装有弹簧的玩具汽车，它们是怎么走的？有一些是沿着直线前进，但是，也有一些会偏离直线，向一边前进。

为什么玩具汽车走的是曲线？我们一定想到了，没有什么奇怪的，原因很简单，是因为汽车一边的轮子跟另一边的轮子不一样大。

人和动物在走路的时候，如果两腿的肌肉进行的工作完全相同，那么在不用眼睛帮助的情况下，他也会走直线，这一点很容易理解。问题就在于，人和动物的身体不可能发展得完全对称。对于大多数的人和动物来说，他们的肌肉右边与左边发育是不同的，所以走起路来就不会完全对称。

一般来说，人的右腿迈出的步幅比左腿要远一些。这样的话，人就一定不会沿着直线行进。如果眼睛没有被蒙上，就可以利用眼睛来帮助我们修正方向，否则就会一直偏向左边走下去。划船的时候，也是一样，当他没有办法辨认方向的时候，如果他的右臂比左臂有力，就一定会拐向左边。利用几何学的知识，很容易解释这一点。

我们不妨假设，当你伸出左腿前进的时候，步幅比右腿长一毫米，那么两腿交替着向前分别迈出1000步之后，你的左脚会比左脚多走1000毫米，也就是整整一米。因此，要想让两条腿走出两条平行的直线，是不可能的，它们的路线是两个同心圆的圆周。

我们可以更进一步计算出这个人在打转的时候左脚比右脚多走了多远的距离，比如，刚才那个在雪地里打转的例子，他是偏向右边前进的，所以我们说，他左脚的步幅肯定比右脚大。如图113所示，人在走路的时候，左右两只脚之间的距离大概是10厘米，也就是0.1米。所以，如果这个人走了一个圆圈，这个圆圈的半径是R，那么，他的左脚走过的距离就是$2\pi R$，而右脚走过

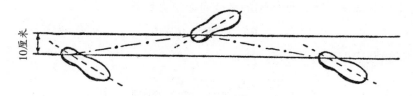

图113　左右脚的行走步伐。

的长度是2π（$R+0.1$）。这样，我们就可以得到这两个数值的差：

$$2\pi(R+0.1)-2\pi R=2\pi\times0.1$$
$$R\approx0.62（米）$$

实际上，这就是左右两只脚所走过的距离的差，在图111中，几位旅行者打转形成的圆圈直径大概是3.5千米，也就是说，这个圆圈的周长大概是10000米。一般来说，一个人的步幅是0.7米，那么走完这个圆圈一共走的步数大概就是14000步。其中，两只脚分别走了7000步。根据前面的计算，两只脚走过的距离差是62厘米，左脚走的7000步比右脚走的7000步长62厘米，因此每一步的差就是$\dfrac{62}{7000}\approx0.009$厘米，也就是0.09毫米，还不到0.1毫米。从这里可以看出，虽然两只脚的步幅相差很小，只有不到0.1毫米，但是却形成了那么大的一个圆圈。

我们可以得出这样一个结论：迷路或者被蒙上眼睛的人走路形成的路径是一个圆圈，这个半径的大小取决于他左右两只脚步幅的差。假设他每步的步幅是0.7米，圆圈的半径是R，那么他走的总步数就是$\dfrac{2\pi R}{0.7}$，左脚或者右脚走的步数都是$\dfrac{2\pi R}{2\times0.7}$。假设两只脚的步幅差是$x$，那么，这两只脚所走过的路径，也就是两个同心圆的圆周长度差是：

$$\frac{2\pi R}{2\times0.7}=2\pi\times0.1$$

这里的R和x都是以米为单位。

根据这个简单的公式，如果已经知道步幅差，我们可以很容易地计算出形成的圆的半径，反过来也是一样。比如，回到前面的图110，在威尼斯的马尔克广场，那个实验中形成的圆弧的矢长AC是41米，而半弦小于175米（否则就走到教堂里了），所以圆的半径可以这么计算：

$$BC^2=2R\times AC+AC^2$$

这里我们取$BC=175$米，那么：

$$2R=\frac{BC^2-AC^2}{AC}=\frac{175^2-41^2}{41}\approx700（米）$$

从而，可以得到$R = 350$米，也就是说，这个半径的最大值是350米。所以我们可以说，在那个实验中，人们走路形成的圆圈的最大半径不会超过350米。

得到了这个数值后，我们还可以利用算式$Rx = 0.14$，计算出步幅差的最小值：

$$350x = 0.14$$

所以：

$$x = 0.4（毫米）$$

参加实验的人左右两只脚的步幅差至少是0.4毫米。

有时候，我们可能会听到这样的谈话：在没有办法辨认方向的情况下，会走成一个圆圈，这是因为左右两腿的长度不一样。

持这种说法的人认为，很多人的左腿比右腿稍微长一些，所以走路的时候会不可避免地偏向右边。但是，如果用几何学的知识来解释，这样显然是不对的。这里起作用的是步幅的大小，而跟腿的长度无关。如 图114 所示，即便两条腿的长度不一样，如果在走路的时候每条腿迈出的角度相等，他仍然可以走出长度相等的步子来。也就是说，$\angle B_1 = \angle B$、$A_1 B_1 = AB$、$B_1 C_1 = BC$，则三角形$A_1 B_1 C_1$和三角形ABC是全等三角形，$A_1 C_1 = AC$。反过来说，即便两条腿的长度一样，但只要走路的时候，一条腿比另一条迈得远一些，那么走出的步幅就不一样长。

划船的时候也是一样。当我们用右手划桨的时候，如果用的力量比左手大，那么小船肯定会拐向左边，并且绕起圈子来。还有很多类似的情形，比如，两只脚的步幅不相等的动物，左右两只翅膀用力不等的小鸟，如果不依靠视觉来调整方向，即便两只脚或者翅膀之间的差别

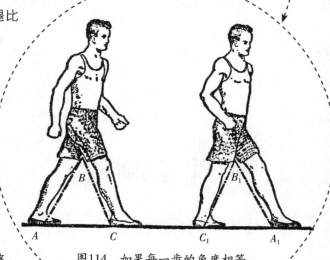

图114 如果每一步的角度相等，则步长一定相等。

很小，也会绕起圈子来。

刚才所讲的原理把这些问题的神秘性一扫而空。我们也觉得这是很自然的现象了。一个人或者一个动物，假如不依靠眼睛的帮助，要想走出完全笔直的线路，那是不可能的。这是因为，如果真的走成了直线，那他身体的各部分一定是完全几何对称的形状。但是，在自然界中，这是绝对不可能的。只要这种完全对称稍微有一点儿差异，就会形成弧线方向的运动。

明白了这一点，我们对于前面提到的那些现象就不会再感到奇怪了。有时候，很多我们认为自然而然的事情，其实真的是不可思议！

人类不可能保持完全真正的直线行进，这一点对于人类的妨碍并不大，我们可以借助指南针、道路、地图等，来弥补缺点，解决困难。

但是，对于动物来说，特别是那些处在荒漠、草原，或者海洋中的动物，因为身体不对称，它们就不能直线行进而是转圈子，这就不是一件小事了。形象地说，它们会像被一条看不见的锁链锁住了一样，永远待在生长的地方，永远走不出太远的距离。比如，一头狮子总是会不可避免地走回到原来的地方；那些生长在岩壁的海鸥，它们在大海上飞翔一会儿后，还是会回到它的巢穴……不过，我们还是有一个未解之谜，很多鸟类可以沿着直线方向飞越大陆或者海洋，这是为什么呢？

徒手测量

马因·里德笔下的那位少年航海家之所以能顺利解答那道几何题目，完全是因为在他出发以前，正好进行过一次身高的测量，并且记住了自己的身高尺寸。如果我们每个人都随身携带着这么一把"活尺"，那该多好啊！这样，在需要的时候，就可以用来测量。如 **图115** 所示，其实，在我们的身上，有很多比较固定的数字。比如，当我们伸直双臂，并左右平举，我们两只手指端间的长度正好等于自己的身高。这个规律是 **达·芬奇** 提出来的。如果记住了这一点，在实际情况下，可以用的方法比那位少年航海家所用的方法要方便多了。我们知道，一个成年人的平均身高是1.7米，也就是170厘米，这个数字我们在前面也提到过，但是我们不应该仅仅满足于这个平均数，每个人的身高都是不同的，我们应该记住自己的身高，以及两手臂平举时的长度。

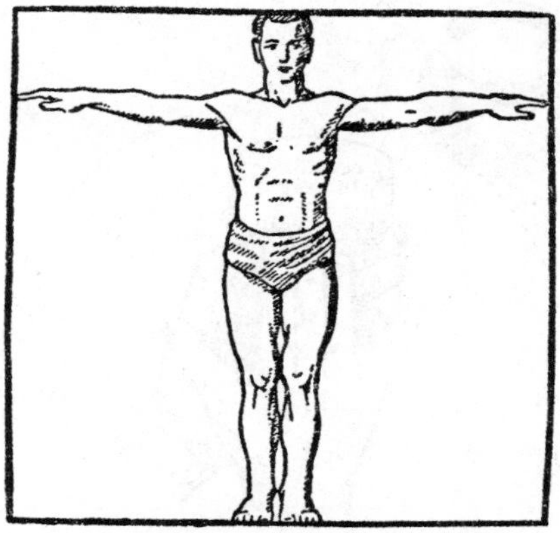

图115 达·芬奇法则。

列昂纳多·达·芬奇（1452~1519），意大利文艺复兴时期的天才艺术家、科学家、发明家，代表作有《蒙娜丽莎》《最后的晚餐》等。

在没有度量工具的情况下，要想测量比较短的长度，最好的办法是把自己的大拇指和小指叉开，事先测量出它们之间的最大距离，并记住，如图116所示。一般来说，一个成年男人的两指间距是18厘米，青少年要小一些，不过会随着年龄的增加而变大，到25岁左右就基本固定了。

另外，要想测量得更准确，最好把自己食指的长度也记住，并且再测量两个长度：一个是从中指根部量起的中指长度，一个是从食指根部量起的食指长度，如图117所示，这样，我们就得到了两个长度值。此外，最好也记住食指和中指叉开的最大距离，如图118所示，成年人的这个距离大概是10厘米。最后，还要记住每个手指的宽度，以及中间三根手指并在一起的宽度

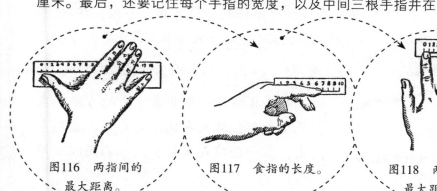

图116 两指间的最大距离。

图117 食指的长度。

图118 两指间的最大距离。

图119　徒手测量杯子的周长。

（大概是5厘米）。

有了以上数据，我们就可以非常顺利地徒手进行一些测量了，哪怕是在黑暗的环境中也可以。在 图119 中，就是用手指来测量杯子的周长，如果用平均值来表示，这个杯子的周长大概是18+5＝23厘米。

在黑暗中作直角

【题目】回到马因·里德笔下的那位少年航海家身上。如果少年遇到了这样一个题目：他想作一个直角，该怎么办呢？在原著中，有这样一段描述：

少年把长木棍贴在短木棍露出来的一段上，并且使长木棍和短木棍之间形成一个直角。

我们知道，这个动作是在完全黑暗的环境中进行的，只能靠手指来触摸，所以很有可能造成比较大的误差。但是，在那种环境下，少年却采取了一个非常可靠的形成直角的方法。这个方法是怎样的呢？

【解答】这里需要用到勾股定理。找3根不同长度的木棍就可以得到一个直角。不过，这3根木棍的长度需要满足一定关系。最简单的方法就是为3：4：5的3根木棍。如 图120 所示。

这其实是一个非常古老的方法。在几千年前，就被人们广泛应用，直到今天，在一些建筑工作中，人们还经常用到它。

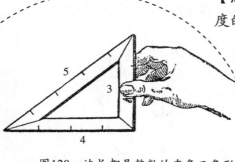

图120　边长都是整数的直角三角形。

Chapter 9
关于圆的
旧知与新知

埃及人和罗马人使用的几何学知识

现在，就连一个初中生都知道利用直径来计算圆周的长度。但是，在古时候，即使是埃及的祭司或者罗马帝国最杰出的建筑师也很难精确计算出圆周的长度来。那时候，埃及人认为圆周的长度是直径的3.16倍，罗马人则认为这个倍数是3.12。现在，我们知道了，这个倍数其实是3.14159……当时，那些数学家并不像后来的数学家那样，利用几何学知识进行计算，他们是根据经验来计算的。那么，为什么会产生这么大的误差呢？很简单就可以得到这个比例关系！只要用一根丝线绕在一个圆的东西上，然后测量出它的长度，以及这个圆东西的直径，不就得出来了吗？

其实，他们就是这么做的。你可能以为这很简单，但是你知道这样做得到的结果并不一定很准确吗？我们知道，如果一个圆瓶的直径是100毫米，那圆周的长度就应该是314毫米。但是，在用细线测量的时候，并不一定能得到这样的结果。1毫米的误差已经很小了。如果真的是1毫米的误差，那算出来的 π 值就是3.13或者3.15。而且，还有一点，测量圆瓶的直径时，也不一定测量得非常精确，也有可能产生1毫米的误差。那么这个 π 值就会介于 $\frac{313}{101}$ 和 $\frac{315}{99}$ 之间，如果表示成小数，就是3.09～3.18。

从这里可以看出，通过这种方法来得到的 π 值跟3.14相比，误差是比较大的，可能是3.1、3.12，或者3.17。当然了，也有可能正好碰上3.14，但是，跟其他的值一样，这个值并没有让测量的人觉得有什么特别的意义。

通过这样的实验，根本不可能得出可以使用的 π 值。说到这里，我们就清楚了，古时候的人为什么得不到圆周长度跟直径的确切比值了。

而 阿基米德 是通过思考，才得到了

π值：$3\frac{1}{7}$。

阿基米德（公元前287~公元前212），古希腊哲学家、数学家、物理学家。

圆周率的精确度

在古代的阿拉伯，有一位数学家叫穆罕默德·本·木兹氏，他著有《代数学》一书，里面有关于圆周的计算方法，下面是其中的一段：

最好的方法是用$3\frac{1}{7}$乘以直径。这是最简单、最快速的方法。也许，只有上帝才能找到比它更好的方法。

现在，我们知道阿基米德用$3\frac{1}{7}$表示圆周长度跟直径的比值，这是不精确的。理论上已经证明，这个π值不可能用一个分数表示出来，这样根本不可能得到精确值，所以我们只能用一个近似值来表示这个π值。

在16世纪的时候，欧洲就有人把π的值精确到了小数点后面第35位，并对外宣布，要把它刻到自己的墓碑上，如 图121 所示。这个数值是：

图121 π值碑文。

3.1415926535897932384626433832795 0288⋯⋯

到了19世纪，德国的圣克斯又把 π 值计算到了707位。其实，用这么一长串数字来表示 π 的近似值，不管是在理论上，还是在实用中，这个数值已经没有任何价值了。当然了，如果你无所事事，想超越圣克斯的"纪录"，就另当别论了。比如，在20世纪40年代末，来自曼彻斯特大学的菲尔克森和来自华盛顿的威乃齐把这个值计算到了808位，并且发现圣克斯的计算从528位开始有错误，并以此为荣。

假设我们已经知道地球的精确直径，现在想计算出地球赤道的圆周长度的精确值，要求精确到1厘米，那我们也只需要用到 π 值小数点后第9位。如果我们用小数点后18位的 π 值计算，赤道圆周长度的值可以精确到0.0001毫米，大概只有一根头发丝的百分之一。

对于一般的计算，只需要取 π 的值到小数点后面2位就可以了，也就是取 π 为3.14。如果想计算得更精确些，可以取4位，根据四舍五入原则，π 为3.1416。

杰克·伦敦也会犯错

在 杰克·伦敦 的小说《大房子里的小主妇》中，有一段描写，是关于几何学计算的。

在田地中央，深插着一段钢钎，旁边是一辆拖拉机，它们被用一条钢索连了起来，并且一段系在钢钎的顶部。然后，司机按下了起动杆，把拖拉机启动了起来。

随着拖拉机的行驶，它在钢钎的四周画了一个圆圈。

杰克·伦敦（1876~1916），美国著名现实主义作家，代表作有《马丁·伊登》《野性的呼唤》等。

"要想彻底改进这部拖拉机，"格列汉说，"只有一个办法，就是把拖拉机画出的圆形改成正方形。"

"是的，如果用这个方法在方块田地上耕作，会浪费很多土地。"

然后，格列汉进行了一些计算，说："这样的话，差不多每10英亩要损失3英亩土地。"

"可能比这儿还会多。"

现在，我们就来看一下，格列汉的计算是不是正确。

【解答】这个结果是不正确的。实际上，损失的土地比全部土地的 $\frac{3}{10}$ 要少。我们假设正方形田地的边长为 a，这块正方形田地的面积就是 a^2。而这个正方形的内切圆直径也是 a，所以这个圆的面积是 $\frac{1}{4}\pi a^2$。正方形田地减去这个圆的面积是：

$$a^2 - \frac{1}{4}\pi a^2 = \left(1 - \frac{\pi}{4}\right)a^2 \approx 0.22a^2$$

可以看出，在正方形田地里面，没有耕种的部分，并没有达到上文中说的30%，大概是22%。

还有一个方法，可以计算出 π 的近似值，而且很有意思。

投针实验

准备一些约2厘米长的缝衣针，把针尖去掉，使每根针的上下粗细一样。然后，在一张白纸上划出一些平行的直线，要求每两条直线之间的距离正好等于针长的两倍。接着，把这些针逐个从高处落到纸上，看看这些

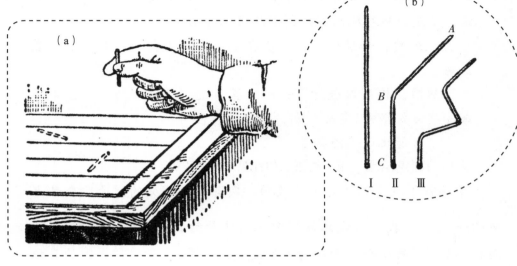

图122 掷针实验。

针有没有跟某一条直线交叉，如图122（b）Ⅰ所示。为了保证针在落到纸面上的时候不会跳起来，最好在纸的下面铺一层厚纸，或者放一些呢绒。这样多做几次，比如，100次或者1000次，次数越多越好。这样做的时候，把每次是否跟直线交叉记录下来。完成一定的次数后，把这个总次数除以交叉的次数，得到的数值就是π的近似值。

这是为什么呢？下面我们就来解释一下。我们用K表示缝衣针和直线交叉的最可能次数。我们知道，针长是20毫米，那么当缝衣针和直线交叉时，这个交叉点必定是在这20毫米中的某一个点上，而且，对于这根针来说，这20毫米中的任何一点，或者说任何一毫米，跟别的点都具有同样的可能性。

所以，每一毫米可能和直线交叉的次数就是$\frac{K}{20}$。如果针上某段的长度是3毫米，它可能和直线交叉的次数就是$\frac{3K}{20}$；如果长度是11毫米，它可能和直线交叉的次数就是$\frac{11K}{20}$……也就是说，缝衣针可能和直线交叉的次数跟缝衣针的长度成正比。

这个比值的大小，跟缝衣针的形状没有关系，哪怕它是弯曲的，如图122

（b）Ⅱ所示。图中，*AB*段的长度是11毫米，*BC*段的长度是9毫米，那么 *AB*

段最可能的交叉次数是 $\frac{11K}{20}$，*BC*段是 $\frac{9K}{20}$，如果是整根缝衣针，就是 $\frac{20K}{20}$，

也就是*K*。我们甚至可以把针弯曲得更严重一些，如图122（b）Ⅲ所示。不管

形状是什么样的，交叉的次数都是一样的。需要注意的是，如果使用弯曲的

缝衣针，它可能会同时在几个地方和直线交叉。这时，我们要把每一个交叉

点作为一次。这是因为，每个交叉点都代表了某一段。

现在，我们假设把缝衣针弯成一个圆形，这个圆的直径正好等于两条直

线之间的距离。也就是说，这个圆的直径是我们本篇开始时提到的缝衣针长

的两倍。当这个圆环每次落下来的时候，肯定会和两条直线交叉，至少会有

接触，总之，肯定每次都有2次交叉。假设落下来的总次数是*N*，那么总的交

叉数就是2*N*。我们前面用到的直针长度比这个圆环要短，直针的长度跟圆环

长度的比值，相当于圆环的半个直径跟圆环圆周长度的比值，也就是 $\frac{1}{2\pi}$。

刚才，我们已经得出，最可能交叉的次数跟针的长度成正比，所以这个圆环

最可能的交叉次数*K*跟2*N*的比值应该是 $\frac{1}{2\pi}$，而 $K=\frac{N}{\pi}$，所以我们有：

$$\pi = \frac{N}{K} = \frac{落下次数}{交叉次数}$$

刚才已经提到，投掷的次数越多得到的结果越准确。据说，瑞士有一位

天文学家叫沃尔夫，他观察了5000次，最后得到的π值是3.159，这个值只比

阿基米德的差那么一点点。

现在，我们知道了，圆周跟直径的比值竟然可以用实验的方法得到。有

意思的是，这个方法不需要画出图形，也不用画出圆的直径，甚至连圆规都

不需要。即便是一个对几何学一窍不通、对圆没有一点儿概念的人，只要有

耐心，进行很多次这样的实验，一样可以得到π的近似值。

绘制圆周展开图

【题目】在大多数情况下，用 $3\frac{1}{7}$ 表示 π 的数值就足够了。如果把一个圆的 $3\frac{1}{7}$ 倍直径画到一条直线上，就相当于展开了这个圆周。我们来介绍一种更简单而且也非常精确的绘制方法。

如 图123 所示，这是一个半径为r的圆周O。现在，我们想把它展开。首先，我们作直径AB，然后，在点B作直线CB，使它垂直于AB，再从圆心O做直线OC，使∠BOC=30°，接着，在CB线上从点C起取一线段CD，使它等于3个半径的长度，并连接点D和点A，那么线段AD的长度就等于圆周长度的一半。如果把AD延长1倍，得到的就是圆周长度的近似值。这种方法的误差小于0.0002r。

【题目】这个方法的根据是什么？

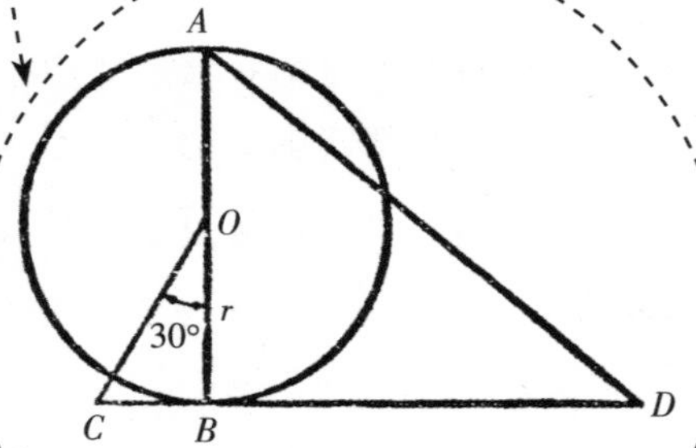

【解答】根据勾股定理，我们有：
$$CB^2+OB^2=OC^2$$
在直角三角形OBC中，OB等于半径r，∠BOC=30°，所以$CB=\frac{OC}{2}$，有：
$$CB^2+r^2=4CB^2$$
$$CB=\frac{\sqrt{3}}{3}r$$
在直角三角形ABD中：
$$BD=CD-CB=3r-\frac{\sqrt{3}}{3}r$$

图123　圆周展开图的简易绘制方法。

$$AD=\sqrt{BD^2+4r^2}=\sqrt{\left(3r-\frac{\sqrt{3}}{3}r\right)^2+4r^2}$$

$$=\sqrt{9r^2-2\sqrt{3}r^2+\frac{r^2}{3}+4r^2}\approx3.14153r$$

如果把这个结果跟3.141593比较，我们可以看出，两者之间的差只有0.00006r，而3.141593已经是比较精确的π值了。如果我们用这个方法展开一个半径为1米的圆，那么半个圆周产生的误差就是0.00006米，整个圆周的误差也不过是0.00012米，即0.12毫米，这差不多是几根头发的粗细。

方圆问题

相信读者们一定听说过"方圆问题"，就是已知一个圆的面积，要求做一个正方形，面积和这个圆的面积相等。这是几何学上的一个著名的题目。在2000年前，数学家们就开始研究它。我确信，在读者朋友中间，肯定有人也曾经试图解答它。但是，对于很多读者来说，对于这个问题的不可解可能没有深入研究，对它困难的理解也是千奇百怪。很多人可能会随着别人说，方圆问题不可解，但是，对这个问题的实质和解答上的困难之处，却并不清楚。

在数学上，不管从理论上说，还是在实际应用中，有很多题目都要比方圆问题有趣得多。但是，没有一个题目会像方圆问题一样，被大家所熟知。关于方圆问题，已经是老生常谈的题目了。2000年来，很多杰出的数学家和数学爱好者，为解答它付出了巨大的努力。

其实，在实际应用中，经常会碰到这个题目。在实际生活中，通常以一个近似值作为解答。但是，这个有趣的古老问题，却要求人们非常精确地画出这个等面积的正方形。作图的条件只有两个：

● 已知圆心的位置和半径，画出这个圆。

● 已知两个点，通过它们作一条直线。

题目要求只使用两种绘图工具来作图，一个是圆规，一个是直尺。

在非数学界人士中，流传着这样一种看法：他们认为，这个题目的困难就在于圆周和直径的比，也就是π值，不可能用一个精确的数值来表示。其实，这只是狭义上的理解，这是由π的本质决定的。实际上，如果把一个矩形变成一个等面积的正方形，这是很容易的，而且可以完成得非常精确。那么，要把一个圆变成一个等面积的正方形，就相当于只用直尺和圆规作一个等面积的矩形。我们知道，圆的面积公式是：

$$S = \pi r^2 或者 S = \pi r \times r$$

从这里可以看出，圆的面积就等于一个边长是r的正方形面积的π倍。所以，问题就演变为作出一条某个长度的π倍的线段。我们知道，π的精确值并不是 $3\dfrac{1}{7}$，也不是3.14或者3.14159。π的值是一个位数无止境的数字。

这就是π的特性，它是一个无理数。在18世纪的时候，数学家朗伯特和勒尔德尔指出了它的这一特性。但是，π是无理数这一点并没有使那些狂热求解这一问题的人中断努力。在他们的理解中，即便π是无理数，并不代表这个问题是不可解决的。实际上，确实有一些无理数是可以用几何学的方法把它们的图作出来的。比如，要求作一段某个长度的 $\sqrt{2}$ 倍的线段。我们知道，$\sqrt{2}$ 也是一个无理数。其实，这个问题很容易解决。只要作出一个正方形，使它的边长等于这个长度，那它的对角线长度就是要求的线段。

如果要作 $a\sqrt{3}$ 的线段，即便是初中生，也很容易找到答案，这其实是一个圆的内接等边三角形的边长。不仅如此，下面的这个无理数，也可以用图的方法作出来：

$$\sqrt{2-\sqrt{2+\sqrt{2+\sqrt{2+\sqrt{2}}}}}$$

要想求出这个式子的值，只要作出一个正六十四边形就可以了。

由此可见，一个无理数，并非完全不可能用圆规和直尺作出它的图来。所以，方圆问题不可解，并不仅仅是因为π是一个无理数，而是因为π的另一个特性。π其实并不是一个代数学上的数，所以它不可能是一个有理数方程的根。我们把这种数称为超越数。

14世纪的时候，法国有一位数学家叫维耶特，他证明了下面的式子：

$$\frac{\pi}{4}=\cfrac{1}{\sqrt{\frac{1}{2}}\times\sqrt{\frac{1}{2}+\frac{1}{2}\sqrt{\frac{1}{2}}}\times\sqrt{\frac{1}{2}+\frac{1}{2}\sqrt{\frac{1}{2}+\frac{1}{2}\sqrt{\frac{1}{2}}}}\cdots\cdots}$$

如果这个式子中的数是有限次的运算，那么就可以解决方圆问题了，我们就可以用几何学的方法把这个式子作出图来。但是，上式中的分母是无穷的，所以这个公式对于解决方圆问题并不能带来帮助。

也就是说，方圆问题之所以不可解，是因为π是一个超越数，它不可能由一个有理系数的代数方程解出来。在1889年，德国有一位数学家叫林特曼，他严格证明了π的这一特性。所以，从某种意义上说，他也是唯一成功解答方圆问题的人，虽然这个答案是否定的，但是，他证明了，在几何学上，方圆问题是不可能作出图来的。于是，1889年以后，很多数学家都放弃了这一努力，方圆问题也告一段落。可惜的是，仍然有很多数学爱好者并不了解这一历史，所以他们一直在做着没有结果的努力。

这就是关于方圆问题的理论。

实际上，这个问题并不需要非常精确的解答。对于我们的日常生活来说，只有对这个问题有一个近似的求解方法，就足够了。

事实上，要作一个和圆的面积相等的正方形，只要取π的前七八位数就可以满足我们生活中的需要了，再多了也没有什么用。比如，取π=3.1415926就足够了。一般长度的测量，不可能得到七八位数的结果，更不用说更多位数了。如果采用8位以上的π值，是没有什么实际意义的，最后得到的精确度也不可能因此而更好。如果我们用7位数来表示半径，那么即便你用一个100位的π来计算，最终得到的圆周长的精确值也不会多于7位。以前，有些数学家花了很多精力取尽可能多的π的位数，实际上没有任何价值。而且，这种事情对于科学发展起的作用也非常微小，只是需要一些耐心而已。如果读者朋友感兴趣，也有足够时间的话，可以试一下。比如，利用下面的

莱布尼兹无穷级数，计算出 π 值的上千位数字：

$$\frac{\pi}{4} = 1 - \frac{1}{3} + \frac{1}{5} - \frac{1}{7} + \frac{1}{9} - \cdots\cdots$$

这里的计算必须非常小心，即便在上式中取2000000项，最终得出的 π 值也就是6位数。所以，这个练习题对于任何人来说都没有什么用处，更不可能有助于几何学题目的解答。

法国的天文学家阿拉戈对这一问题也有研究，他曾说过：那些想解答方圆问题的人，仍然在继续解答这个题目。其实，这个题目的不可解，早就已经被人们证明了。而且即便这个题目是可解的，对于我们的实际生活也没有什么意义。那些自以为聪明的人、专心求解的人，是不可能得到结果的。

最后，他还在文章中对这一现象进行了讽刺：

在所有国家的科学院，一直在跟那些想要求解方圆问题的人作斗争，结果发现，这已经成了一种季节病，在春天的时候会爆发。

宾科三角板法

现在，我们来讲一个近似解方圆问题的方法。这种方法是由俄罗斯工程师宾科提出的。因此在此方法中用到的三角板也被称为"宾科三角板"。在实际生活中，这个方法使用起来非常方便。

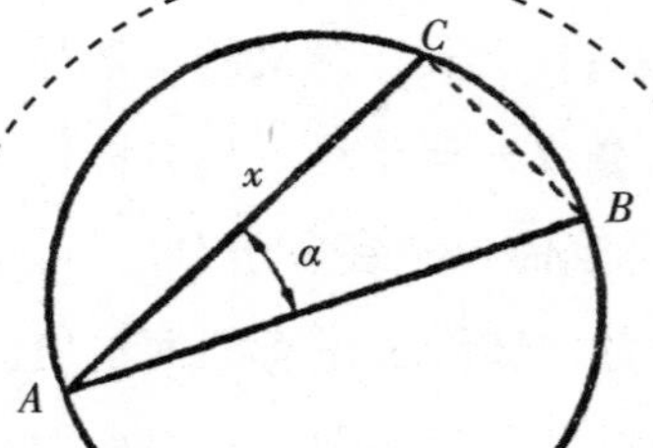

方法是这样的：如 **图124** 所示，作出一个角 α，使它满足下面的关系：

$$\cos\alpha = \frac{AC}{AB} = \frac{x}{2r}$$

这里的 AB 是圆的直径，r 是半径。AC = x 是圆上的一条弦，也是所

图124 解方圆问题的近似方法。

求的正方形的边长。我们知道cos α是α的余弦函数，$\cos α = \dfrac{AC}{AB}$。

也就是说，正方形的边长x为2rcos α，它的面积是4r²cos²α。从另一种意义上说，正方形的面积是 π r²，也就是这个圆的面积。所以：

$$4r^2\cos^2 α = π r^2$$

$$\cos^2 α = \frac{π}{4}$$

$$\cos α = \frac{1}{2}\sqrt{π} \approx 0.886$$

通过查阅三角函数表，我们得到：

$$α = 27° \ 36'$$

所以，只要作一个弦，使它和直径成的角是27° 36′，我们就得到了这个正方形的边长，这个正方形的面积也等于圆的面积。在实际中，我们可以做一块三角板，使它的角度为27° 36′。有了这块三角板，我们就可以对任何一个圆，作出一个和它等面积的正方形。

如果你真的想自己制作一块这样的三角板，下面的内容可能会帮到你。

27° 36′ 的正切函数，也就是tan27° 36′，它的值是0.523，或者$\dfrac{23}{44}$。也就是说，三角形的两条直角边的比值是$\dfrac{23}{44}$。

所以，在制作的时候，你可以这样做：先作一个直角三角形，然后把一个直角边的长度取22厘米，另一直角边的长度取11.5厘米，这样就可以得出这个角度了。当然，利用这块三角板，我们也可以作出其他的图形。

183

谁走了更多的路，是头还是脚

在凡尔纳写的小说中，有一位主人公好像曾经做过这样的计算：

当他旅行的时候，究竟是身体的哪个部分走了更多的路呢？是头顶还是脚底？

如果我们用一种恰当的方式提出这个问题，这还真是一个很有教育意义的几何题。现在，我们就来讨论这个问题。

【题目】假设你沿着赤道围绕地球走了一周，你的头顶比你的脚底多走了多少路？

【解答】假设地球的半径是R，你的身高是1.7米，你的脚底就走了$2\pi R$的路，而你的头顶则走了$2\pi(R+1.7)$的路。所以，你的头和脚走的路的差就是：

$$2\pi(R+1.7)-2\pi R=2\pi\times1.7\approx10.7（米）$$

也就是说，头比脚多走了10.7米。

有意思的是，答案中不包含地球半径的值，所以不管你是环绕地球旅行，还是环绕其他行星旅行，比如，木星或者其他的很小的行星，结果都是一样的。这是因为，两个同心圆的周长的差跟它们的半径没有关系，只跟两个圆周之间的距离有关。如果把地球的轨道半径增加1毫米，那么圆周长增加的部分跟把一枚5分硬币的半径增加1毫米，圆周长的增加值是完全一样的。

下面这个题目也很有意思，并被很多数学游戏题集收录了进去。其实，它也是利用了几何学上的这个似是而非的真理。

如果我们把一根铁丝绑到地球的赤道上，然后把这根铁丝延长一米，那么在这根松动的铁丝和地球之间，一只老鼠是否可以穿过去？

很多人可能会说，这个间隙肯定比一根头发丝还要细。在他的头脑中，1米跟赤道的长度40000000米相比，差距太大了！实际上，这个缝隙并不小，它足有16厘米，我们可以计算出来：

$$\frac{100}{2\pi} \approx 16$$

岂止是老鼠，一只大猫也完全可以穿得过去。

赤道上的钢丝降温1℃，会发生什么变化

【题目】假设用一根钢丝把地球在赤道上紧紧绑了起来。如果这根钢丝冷却1°，将会发生什么事情？钢丝在冷却的过程中会收缩，我们假设钢丝没有断裂，也没有拉长，那么它会切入地里多深呢？

【解答】初看这个题目，我们可能感觉不到什么，温度只降低了1℃，温度的变化非常有限，即使会陷入地里面，也不可能陷得很深。但是，计算结果却会令我们大吃一惊。

我们知道，钢丝每冷却1℃，它的长度就要缩短十万分之一，而钢丝的全长与赤道的周长一样，是40000000米。所以钢丝会缩短400米。不过，这400米只是缩短的圆周长度，而不是半径。半径缩短的长度比它要小，它缩短的长度是：

$$\frac{400}{2\pi} \approx 64（米）$$

也就是说，如果这根钢丝冷却1℃，钢丝由于缩短会切入到地里面去，切进去的深度不是我们想象中的几毫米，而是60多米。

为什么事实和计算不一样

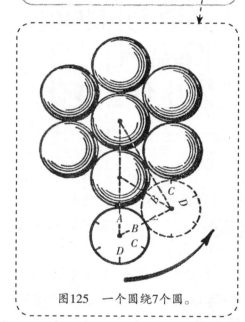

图125　一个圆绕7个圆。

【题目】如 图125 所示，上面画着8个大小相等的圆，其中有7个画着黑色线，它们都固定不动。第八个则紧贴着这7个固定的圆滚动。那么，当这个圆绕其他7个固定的圆一周时，它自己转了多少圈？

关于这个题目，我们可以用实验的方法找到答案：找8个同分值的硬币，按照图中的样子摆好，把7个硬币固定在桌面上，然后拿着另一个硬币绕着它们一路转下去。为了准确记住这个硬币转的圈数，必须仔细注视硬币上数字在什么位置。当硬币上的数字转到原来的位置，就代表它转了一周。

只要把这个实验真正地做出来，而不是靠想象，我们就会得到这样的结论：硬币一共转了4圈。

现在，不用这个方法，只用思考和计算，我们也可以得出同样的结论。

下面，我们就来分析一下，这个旋转的圆在每一个固定不动的圆上走的弧线究竟有多长。为了实现这个目的，我们假设活动的圆是从顶点A向邻近的两个固定圆之间的凹地移动，如图125中的虚线所示。

从图中可以看出，圆滚动形成的弧线AB包含60°的角。而在每一个固定的圆上，都有两条这样的弧线，如果把它们加在一起，就是120°的弧线，或者说，它们是圆周的$\frac{1}{3}$。所以，滚动的圆在围绕每个固定的圆转圈的时候，自己也转了$\frac{1}{3}$圈。这些固定的圆一共有6个，这样的话，活动的圆一共转了$\frac{1}{3} \times 6 = 2$圈。

很明显，这个答案跟实验的结果并不一样，但是，我们只相信事实。如果计算得到的答案跟事实不一致，肯定是计算出现了错误。那么，错误出在哪儿了呢？

【解答】错误就在于：如果我们把活动的圆沿着$\frac{1}{3}$圆周长的直线滚动，这个活动的圆确实转了$\frac{1}{3}$转。但是，如果这个活动的圆是沿着一种曲线形的弧线滚动，那么刚才的说法就不正确了，在这个题目中，如果活动的圆围绕相当于圆周长$\frac{1}{3}$的弧线旋转，那它转的就不是$\frac{1}{3}$圈，而是$\frac{2}{3}$圈了，所以当这个圆围绕这6个弧线转完的时候，就是转了$6 \times \frac{2}{3} = 4$圈！

关于这一点，我们可以从下面的文字得到证实。

图125中的虚线表示，活动的圆围绕固定的圆上的弧线AB（60°）转动，就相当于整个圆周长度$\frac{1}{6}$弧线时的位置。这个圆到了新位置时，最高点就不是点A了，而是点C，从这里可以看出，这就相当于圆周上的各点移动了120°，或者说，移动了整个圆周的$\frac{1}{3}$。对于活动的圆来说，固定的圆上120°的长度就是整个圆周的$\frac{2}{3}$。所以，如果活动的圆沿着某条曲线（或者折线）转动，那么它转出的圈数跟沿着同样长度的直线转出的圈数是不同的。

我们不妨多花一些时间在这个问题上。关于解答这个问题的几何学原理，经常使我们难以相信。

假设有一个圆，半径是r。沿着一段直线向前滚动。如果直线的长度正好是它圆周的长度，它会转一圈。现在，如果我们在这条直线的中间处把它弯

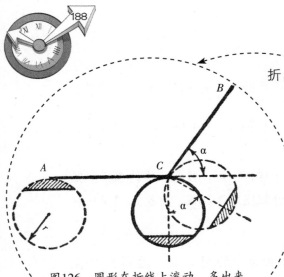

图126　圆形在折线上滚动，多出来的旋转是这样产生的。

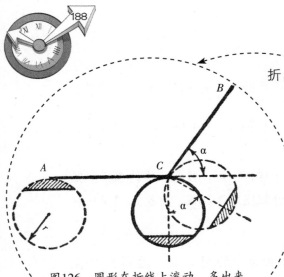

图127　圆形在多边形的外边滚动，比它在与多边形同长等长的直线上滚动时，多滚动了几圈。

折，如 **图126** 所示，并使CB跟它原来的方向成α角。那么，这个圆在转了半圈之后，就会到达点C了，为了转到直线CB上去，这个圆连同圆心就要转一个角度，也是α。

由于圆在转弯的时候并没有沿着直线移动，产生了比沿着直线滚动多出来的旋转。这个多出来的旋转跟整个圆周旋转间的比，正好跟α和2π的比相等，也是 $\dfrac{\alpha}{2\pi}$。然后，这个圆又在直线CB上滚了半圈，所以这个圆在整段折线ACB上，总共滚转了 $\left(1+\dfrac{\alpha}{2\pi}\right)$ 圈。

如果认识到这一点，我们就不难得出 **图127** 的答案了。这是一个活动的圆绕着一个正六边形旋转，那么它一共转了多少圈呢？很显然，它转动的圈数应该等于这个圆在每个边的直线上转的圈数的6倍，然后再加上6个外角的和除以2π。我们知道，任何一个凸角多边形的外角和恒等于2π，所以得到，$\dfrac{2\pi}{2\pi}=1$。

也就是说，这个圆在六边形或任何一个其他的多边形的外边旋转滚动时，如果它滚动了一周，那么它自己转动的圈数比它沿着这个多边形各边总长度相等的直线上滚动转动的圈数正好多1转。

一个凸角的正多边形，如果它的边数无穷增加，就会慢慢接近一个圆，所以刚才得到的结论，也适用于圆。比如，如果把一个圆放在另一个同样大小的圆外面沿120° 的弧线滚动，那么这个活动的圆就转动了 $\frac{2}{3}$ 圈，而不是 $\frac{1}{3}$ 圈。这一点是有几何学依据的。

当一个圆沿着跟它处于同一平面的某条直线滚动时，这个圆上的每一个点都会跟这个平面接触。一般来说，这个圆有自己的轨迹。

假如我们研究一下一个圆沿着一条直线或圆周运行的轨迹，我们就会发现，有很多种不同的曲线。如图128和图129所示在，它们是其中的两种曲线。

"吊索人偶"的制作原理

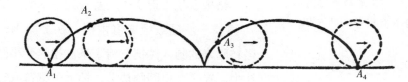

图128　圆周上的点A沿直线作无滑动的转动时的转动轨迹。

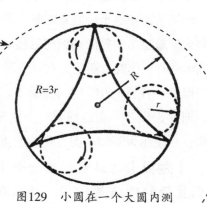

在 图129 中，我们会遇到这样的问题：当一个小圆在另一个大圆的圆周内侧滚动时，它上面的某一个点能否画出一条直线轨迹，而不是曲线轨迹呢？初看这个问题，好像是不可能的。

图129　小圆在一个大圆内测滚动时，某点所形成的轨迹。这里$R=3r$。

189

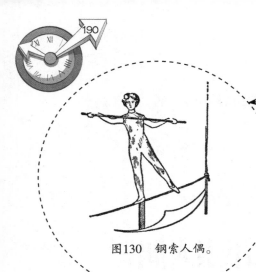

图130　钢索人偶。

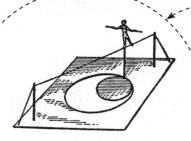

图131　在滚动着的圆形上
沿着直线移动的人偶。

不过，我曾经亲眼看到过这样的运行图。

在 图130 中是一个玩具，有人称它为"吊索人偶"。读者朋友们也可以很容易做出一个这样的玩具来。找一块儿厚的硬纸板或木板，在上面画出一个直径为30厘米的圆，注意要把圆画在纸板的中央，也就是在纸板的四周要留一些空白，然后画出圆的直径，并把它向两边延长。

如 图131 所示，画出直径延长线，在圆的两边分别插上一根缝衣针。再找一根细绳，把它穿进两根针的孔里。拉紧细绳，将绳子的两头固定在纸板的两边。然后，把刚开始画出来的圆用剪刀剪下来，这样纸板上就出现了一个直径30厘米的大圆孔。再找一块硬纸板或者木板，在上面画一个直径15厘米的圆，并把它剪下来。把这个小圆放到大圆孔中。在这个小圆的边上，插上一根缝衣针。再用刚才剩下的纸板剪出一个人物形象，把它的脚固定在这根缝衣针的尖上。

如果我们把这个小圆紧贴着大圆的内侧滚动，就会发现小圆上的缝衣针和人物会沿着那条绷紧的细绳前后移动。关于这个现象，我们可以这样解释：当小圆滚动时，小圆上插了缝衣针的那个点在完全沿着大圆的直径滚动。

但是，在图129所示的情况下，滚动的圆上的点为什么没有沿着直线移动，而是走出了一条曲线呢？一般来说，我们把这条曲线称为圆内旋轮线。其实，这是由大圆和小圆直径的比值决定的。

【题目】请证明：当一个小圆在另一个大圆周内滚动时，如果它们直径的比值是1∶2，那么在小圆滚动时，它上面的点将沿着大圆周的直径做直线运动。

【解答】 如 图132 所示，我们假设大

圆O的直径是小圆O_1的直径的2倍，那么当小圆O_1滚动时，不管它滚动到什么地方，在它的圆周上，总有一个点在大圆O的圆心。

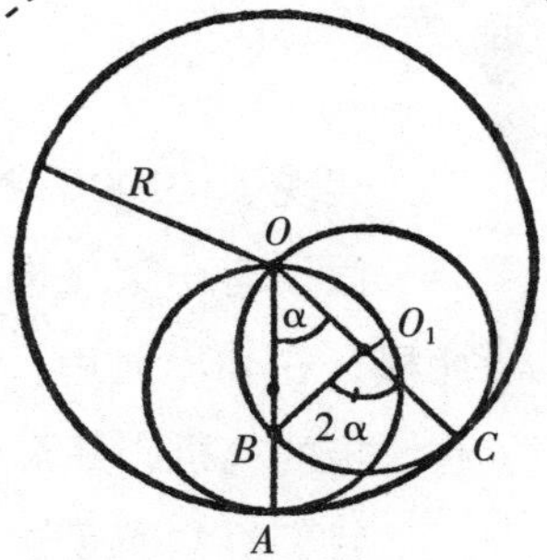

图132 "吊索人偶"的几何学图示。

现在，我们就来看看小圆上的点A移动的情形。不妨假设在某一时刻，小圆沿着弧线AC滚动。那么，当小圆O_1在这个位置上的时候，点A会在什么地方？很明显，它应该处于圆周上的点B上。这时，弧线AC和BC的长度相等。

假设$OA=R$，$\angle AOC=\alpha$，那么，我们有$AC=R \times \alpha$。所以，BC也等于及$R \times \alpha$，而$O_1C=\dfrac{R}{2}$，所以：

$$\angle BO_1C = \frac{R \times \alpha}{\dfrac{R}{2}} = 2\alpha$$

而$\angle BOC = \dfrac{2\alpha}{2} = \alpha$，也就是说，点$B$仍然在直线$OA$上。

实际上，刚才介绍的这个玩具，就是把旋转运动变成了直线运动。

飞越北极的路线

在俄国，有一位英雄叫克雷莫夫。他跟朋友们曾经进行过一次飞行实践，路线是从莫斯科开始，飞到北极上空，然后又飞到圣大新多。最终，他以62小时17分钟的飞行时间打破了两项世界纪录：在不着陆的情况

下，实现了10200千米的直线飞行和11500千米的折线飞行。

假设有一架飞机，沿着子午线，从东半球北纬某一纬度上的某个点飞越北极，在48小时后，它到达了西半球北纬同一纬度上的一点。那么，这架飞越北极的飞机，是否也会跟地球一样绕地轴旋转呢？

我们经常听见这个问题，但是，得到的答案却并不一致。不管是什么飞机，只要飞过北极，肯定会跟着地球一起旋转。这是因为，飞机在飞行时，并没有飞越大气层，只是离开了地球的硬壳表面，它仍然被地球带着，围绕着地轴在旋转。

所以我们说，这架飞机在飞越北极时，会随着地球围绕地轴旋转。但是，新的问题又来了，飞机飞行的轨迹是什么样子的？

怎样回答这个问题呢？有一点需要注意，如果我们说"一个物体在运动"，通常是指这个物体相对于另外一个物体发生了位置的改变。所以，物体的轨迹终究还是运动的问题。如果提出这个问题的时候，并没有指明坐标系，或者，通俗一点儿说，并没有告诉我们相对于什么物体发生了运动，这个问题就会变得没有任何意义。

如果一架飞机沿着子午线飞行，那么它一定也跟着地轴在旋转。这是因为，子午线跟地球在一起，也会围绕地轴旋转。但是，对于地球上的观察者来说，并不能感受到这个飞行的真正轨迹，因为它围绕地轴旋转这一点是相对别的物体而言的，并不是指地球。

所以，对于地球上的我们来说，这架飞机飞越了北极，并形成了轨迹。如果飞机是准确沿着子午线飞行的，并且一直跟地球的中心保持相同的距离，那么，这个轨迹就是一个大圆上的一段弧线。

现在，我们的问题是：我们已经得到了飞机相对于地球的运动轨迹，而且还知道，这架飞机会跟着地球一起围绕地轴旋转。也就是说，我们知道，地球和飞机都在相对于第三个物体进行运动，那么，如果观察者是站在第三个物体上，飞机的飞行轨迹会是什么样子的？

这个题目看起来有些复杂，我们不妨把它简化一下。假设地球的北极周边是平的圆盘，它所在的平面跟地轴垂直。假设这个圆盘在这个平面上围绕地轴旋转。我们再假设有一辆玩具车，它沿着圆盘的直径向前匀速移动，用它来表示飞机沿着子午线飞越北极。

【题目】这辆玩具车在这个平面上走的路径是什么样的？确切的说，是玩具车上的某个点，比如说它的重心，它的移动轨迹是什么样子的？

其实，这辆玩具车从直径的一端运动到另一端所花的时间，取决于它的运动速度。

下面，我们分三种情形进行分析：

●玩具车花12个小时跑完全程。

●玩具车花24个小时跑完全程。

●玩具车花48个小时跑完全程。

我们知道，那个圆盘围绕地轴旋转一圈花的时间是24个小时。

第一种情况：如 图133 所示，如果玩具车花12个小时跑完了圆盘的直径长度。在这个时间里，圆盘转了半圈，转了180°。也就是说，点A和点A′正好互换了一下位置。在 图134 中，圆盘的直径被分成了8个相等的部分，玩具车跑完每一部分花的时间是12÷8＝1.5个小时。那么请问，玩具车走了1.5个小时之后，它走到了什么地方？如果圆盘不旋转，玩具车从点A出发，走了1.5个小时之后，会到达点b。但是，圆盘并非不动，它是旋转着的，在这1.5个小时中，它旋转的角度是180°÷8＝22.5°。所以，玩具车到达的位置就不是点b了，而是点b′。这时，对于观察者来说，如果他也是坐在这个圆盘上，那么他就感受不到圆盘的旋转，只

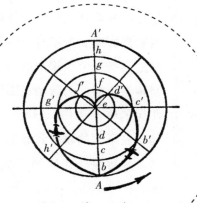

图133　第一种情况。

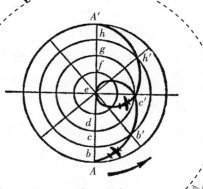

图134　第二种情况。

看到汽车从点A到达了点b。但是，如果观察者在这个圆盘的外面，并没有随着圆盘旋转，那么他看到的就是另一种情形。对于他来说，玩具车到达了点b'。再经过1.5个小时的话，在圆盘外面的观察者看到玩具车走到了点C'。在下一个1.5个小时里，观察者会看到玩具车是沿着弧线c' d' 运动的，再过1.5个小时，汽车会到达圆心e。

对于站在圆盘外面的观察者来说，如果继续观察玩具车的运动轨迹，他看到的是非常意外的情形：玩具车画出了一条曲线ef' g' h' A。更奇怪的是，玩具车最终停在了出发点A上，而不是到了直径的另一端A'。

其实，这个意外的结果并不难解释。玩具车沿着直径的后半段走了6个小时，在这段时间里，玩具车行驶半径跟着圆盘转了180°，也就是说，它占据了直径的前半段所在的位置。更有甚者，汽车在通过圆盘的中心时，仍然跟着圆盘旋转。只不过，在圆盘的中心点上，不可能放下整辆汽车。其实，汽车上只有一个点跟圆盘的中心点正好吻合，这一时刻发生在一瞬间。接着，整辆汽车继续跟着圆盘围绕这点旋转下去。对于前面提到的飞机，在它飞越北极的时候也是一样的。所以，沿着圆盘的直径，玩具车从一端到了另一端，在不同的观察者看来，形状是不同的。对于站在圆盘上的观察者来说，这个路径是一条直线，而对于在圆盘外面没有跟圆盘一起转动的观察者来说，这个路径是一条如图133所示的曲线。

如果具备下述条件，我们也可以看到这条曲线：假设飞机飞越北极的时间是12个小时，那么，如果从地球的圆心来观察飞机，把它的运动看成跟地轴垂直的平面运动，就可以看出来了。这里我们假设地球是透明的，你和那个平面都不跟着地球旋转。

这里，我们讲了两个有关运动的有趣例子。实际上，飞机飞越北极到另一半球所花的时间并不是12个小时。下面，我们再来看一个类似的问题。

第二种情况： 如图134所示，玩具车跑完直径长度花的时间是24个小时。在这24个小时中，圆盘正好自转了一圈，所以对于没有跟着圆盘转动的观察者来说，玩具车的运行路径形状如图134所示。

第三种情况：如 图135 所示，圆盘旋转

一圈所花的时间仍然是24个小时，但是，

玩具车跑完直径的长度所花的时间是48

个小时。在这种情况下，如果汽车跑了直

径的 $\frac{1}{8}$ 长度，它所花的时间是 $48 \div 8 = 6$ 个

小时。

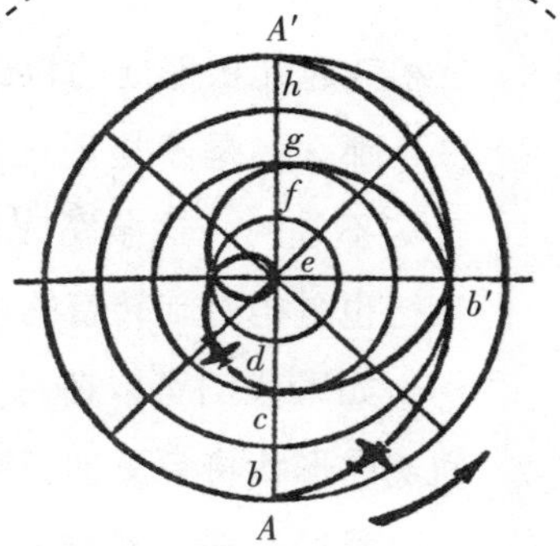

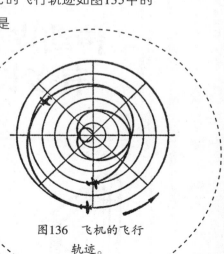

图135　第三种情况。

那么，在这6个小时中，圆盘转动的角度

将是一圈的 $\frac{1}{4}$ ，也就是90°。所以，玩具车跑了6

个小时后，如果圆盘没有转动，它应该沿着直径跑到点b处。但是圆盘是一直

转动的，所以，它跑到了点b′。下一个6个小时候，它跑到了点g……48个小

时之后，玩具车会跑完直径全长，圆盘整整转了两圈。所以，这两个运动会

叠加。在圆盘之外的观察者看来，它的运行轨迹将是图135黑线所示的一条连

续曲线。

本节一开始提到的关于花了48个小时飞越北极的飞机的情形，跟这里的

第三种情况是一样的，从俄罗斯的莫斯科飞到北极要花24个小时。如果我们

是从地球的圆心来观察这个飞机，那么就会看到，它的飞行轨迹如图135中的

直线路线，接下来的飞行所走过的路线长度。大概是

前面的1.5倍。此外，从北极到圣大新多的距离正

好是从莫斯科到北极距离的1.5倍。所以说，

在位置不变的观察者看来，整个飞行的后半

部分和前半部分一样，轨迹也是直线的，

只不过这个距离是前者的1.5倍。

最终，飞行轨迹所形成的曲线如

图136所示。对于既没有参加飞行，也没

有跟着地球旋转的观察者来说，这就是从莫斯

科到圣大新多的飞行路线。也就是说，如果我们

站在地球的圆心来观察这架飞机的飞行轨迹，会看到

图136　飞机的飞行
轨迹。

飞机飞越北极形成的轨迹就是这个样子。

那么，是不是说这条复杂的路线就是这架飞机飞越北极的真正轨迹呢？其实不是的，这条路线只是没有跟着地球旋转的人眼中的样子，就像一般的飞行也是相对旋转着的地球来说一样。

如果我们可以在月球或者太阳上观察这个飞行，那么，我们看到的飞行轨迹的形状将会更加奇怪。

我们知道，月球并没有随着地球的自转而转动，但是它每个月都要围绕地球旋转一圈。如果飞机飞越北极花了48个小时，月球围绕地球走过的弧线大概是25°。如果从月球上观察这架飞机，也会影响到飞行轨迹的形状。另外，如果在太阳上观察这架飞机的飞行，还需要考虑第三种运动对它的影响，也就是地球会围绕太阳转动。

在恩格斯所著的《自然辩证法》中，有这样一段话："不存在单个物体的运动，所有的运动都是相对的。"通过本节的学习，读者朋友们肯定会对此有深刻的认识。

传动皮带有多长

学生们终于做完了手头的工作。临别时，老师给了他们一个题目，并建议他们试着解答一下。

【题目】如 图137 所示，工厂新添了一个装置，需要在上面装一条传动皮带。但是，这条皮带跟普通的传动皮带不同，不是装在两个皮带轮上，而是装置在三个皮带轮上。

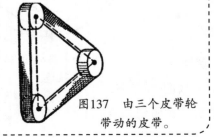

图137 由三个皮带轮带动的皮带。

这三个皮带轮的尺寸是完全相同的。它们的直径和相互之间的距离，在图138中有详细的说明。假设我们已经知道了这些尺寸，不允许再做测量，要想快速得出传动皮带的长度，应该怎么做？

学生们陷入了思考中。过了一会儿，一名学生说道："在我看来，这个题目的困难就在于图中根本没有画出传动皮带绕过每个皮带轮的弧线长度，也就是弧线AB、CD和EF的长度。要想分别求出这三条弧线的长度，还需要知道它们相应的圆心角大小，所以，我觉得，要是没有量角器，这个题目根本没有办法解答。"

老师听后，说道，"你刚才提到的那几个圆心角，可以根据三角公式和对数表，利用图中的尺寸计算出来。但是，如果采用这种方法，就绕远了，而且会使计算变得非常复杂。在我看来，量角器并不是必须的，因为我们不需要知道他们每条弧线的长度，只需要知道……"

"只需要知道这几条弧线长度的和就行了。"好几个想到了解答方法的学生抢着说道。

"很好！你们都回去吧，记得明天把答案交上来。"

读者朋友们，请不要急着看学生们的答案。

根据刚才老师和学生的对话，我想，你应该也可以自己解答这个题目了吧？

【解答】没错，传动皮带的长度可以很容易计算出来：只要把三个皮带轮间的距离（中心点之间的距离）加起来，然后，再加上一个皮带轮的周长就可以了。假设传动皮带的长度是L，那么：

$$L = a + b + c + 2\pi r$$

也就是说，传动皮带跟每个皮带轮接触的部分的和正好等于一个皮带轮的周长。关于这一点，几乎所有的学生都想到了。但是，如果让他们证明这一点，却不一定都可以做到。

在收到的解答方法中，下面的方法被老师认为是最简便的一种。

197

如图138所示，假设BC、DE和FA分别是三个皮带轮圆周上的切线。从各个切点向各自的圆心引一条半径。已知三个皮带轮的半径是相等的，所以O_1BCO_2、O_2DEO_3、O_1O_3FA都是长方形，可知：$BC+DE+FA=a+b+c$。剩下的就是证明传动皮带跟每个皮带轮接触的部分的和，也就是$\overset{\frown}{AB}+\overset{\frown}{CD}+\overset{\frown}{EF}$，正好等于一个皮带轮的周长。

为了证明这个问题，我们先作一个半径为r的圆O，如图138（a）。然后，作直线$OM/\!/O_1A$、$ON/\!/O_1B$、$OP/\!/O_2D$，可得：

$$\angle MON=\angle AO_1B$$
$$\angle NOP=\angle CO_2D$$
$$\angle POM=\angle EO_3F$$

各个角的边相互平行。所以，我们有：

$$AB+CD+EF=MN+NP+PM=2\pi r$$

所以，传动皮带的长度是：

$$L=a+b+c+2\pi r$$

同样的方法，我们可以证明，如果不止是三个皮带轮，而是更多的皮带轮，只要它们的直径都相等，那么传动皮带的长度都是等于这个皮带轮之间的距离和加上一个皮带轮的周长。

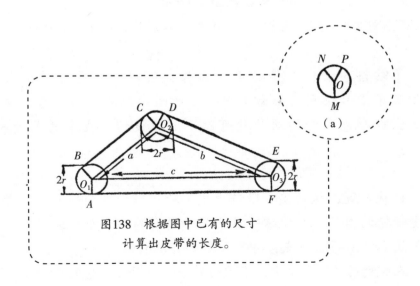

图138　根据图中已有的尺寸
计算出皮带的长度。

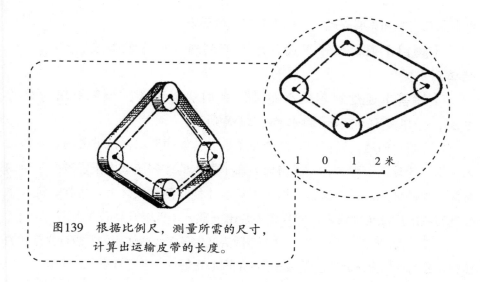

图139　根据比例尺，测量所需的尺寸，计算出运输皮带的长度。

【题目】如图139所示，这是装在四个相同直径的轮子上的传送皮带。其实，在中间也有一些轮子，只不过对本题没有什么影响，所以我们没有画出来。那么，你是否可以根据图上的比例尺寸，得出这条传送皮带的长度？

"聪明的乌鸦"真的能喝到水吗

　　在小学读本中，通常会收入一个故事，是关于一只聪明的乌鸦的。这个故事是这样的：有一只乌鸦，它非常口渴，幸运的它找到了一个细口径的瓶子，但是瓶子里的水不多，乌鸦的嘴又不能伸进瓶子的里面，最后，乌鸦想到了一个办法来解决这个问题，它找了一些小石头，把它们一块一块地扔进瓶子中。结果，瓶子里的水就升了起来，乌鸦喝到了水。

　　这里，我们不去讨论这只乌鸦是不是真的能这么聪明，我们只对这个故

199

事中的几何学知识感兴趣。我们来看下面的题目。

【题目】 假设瓶子里面的水正好到瓶子一半的高度，这只乌鸦能喝到水吗？

【解答】 通过解答这个题目，我们就会知道，如果采用乌鸦的方法，并不是任何水量的水都可以喝到。

为了简化问题，我们假设这个瓶子是方柱体的形状，投进去的石头都是大小相同的球体。那么，不难得出，瓶子里水的体积应该大于投进瓶子里的石头空隙的体积。只有这样，瓶子里的水才能升到石头之上。也就是说，水会把石头的空隙全部填满，并且还多余出一部分，可以升到石头上面。

下面，我们就来计算一下，这些空隙究竟占了多大的体积。要想计算空隙的体积，最简单的方法就是假设每块石头的圆心正好在一条竖直线上，也就是说，石头是上下垂直摆放在一条直线上的。假设每块石头的直径为d，那么它的体积就是$\frac{1}{6}\pi d^3$，而跟它外切的立方体体积是d^3，它们的差就是$\left(d^3 - \frac{1}{6}\pi d^3\right)$，也就是这个外切立方体中没有被石头占据部分的体积。它们的比值是：

$$\frac{d^3 - \frac{1}{6}\pi d^3}{d^3} \approx 0.48$$

上式的意思就是，在每个外切立方体中，没有被石头占据部分的体积是整个体积的48%。也就是说，瓶子里面所有空隙体积的总和，比瓶子容积的一半稍小一些。如果瓶子的形状不是方柱体的形状，石头也不是球形，答案也不会有丝毫变化。不管在什么情况下，我们可以肯定的一点是，如果瓶子里起初的水量不到瓶子容积的一半，那么不管这只乌鸦怎么往里投掷石头，也不可能使瓶子里面的水升到瓶口的位置。

假设这只乌鸦本领高强，它会摇动瓶子，使里面的石块相互间更紧密，那么，它完全可能把水面提高到原来的2倍高度。但是，这是不可能的，它根本做不到这一点。所以，最实际的情形就是，石头堆积得比较松散，而且，一般来说，盛水的瓶子都是中间比两头要粗一些，这样也会降低水面升高的程度。这样的话，我们几乎可以肯定地说，如果瓶子里面的水不到瓶子一半的高度，乌鸦是无论如何都喝不到里面的水的。

Chapter 10
无须测算的几何学

不用圆规也能作图

一般来说，几何作图都需要用到直尺和圆规。但是在本章，我们会看到，有时候，不用圆规也可以作出图来，虽然初看起来，这些图好像非用圆规不可。

【题目】如图140（a）所示，不使用圆规，从半圆外面的点A作一条垂直于直径BC的直线。图中没有给出圆心的位置。

【解答】在这里，我们需要利用三角形的一个特性，就是三角形各个边上的高相交于同一点。如图140（b）所示，连接点A和B、C两点。很明显，直线BE垂直于直线AC，直线CD也垂直于直线AB，也就是说，直线BE和CD是三角形ABC的高。根据三角形的性质，另一条高也必然通过点M。连接点A和点M，并延长至点F，这里的点F是AM延长线与直线BC的交点，那么直线AF就是所求的垂线。这里根本没有用到圆规。

如图141所示，如果点A的位置选择在其他地方，有可能使所求

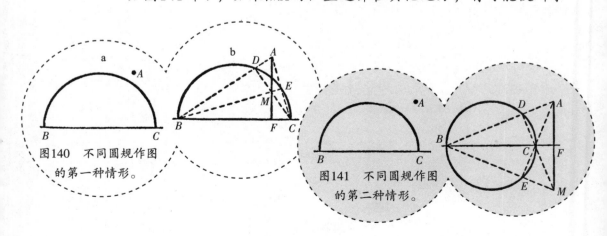

图140 不同圆规作图的第一种情形。

图141 不同圆规作图的第二种情形。

的垂线会在圆的直径的延长线上。但是，如果遇到这种情况，必须给出整个圆才行，否则，是无法解决的。其实，图141所示的情况，跟上面的题目没有本质上的区别，只不过三角形ABC的高相交于圆的外部，而不是在圆的内部。

薄片的重心在哪里

【题目】我们都知道，如果一块矩形薄片或菱形薄片的厚度是均匀的，那么，它的重心会落在对角线的交点上。而如果是三角形薄片，那它的重心就是在各条中线的交点上。如果是圆形薄片，重心就在圆心的位置。

如图142所示的这块薄片，它由两个矩形组成，那么它的重心在什么位置？（作图的时候，只允许使用直尺，而且，不能进行任何测量和计算。）

【解答】如图143所示，延长边DE，使它与AB交于点N，延

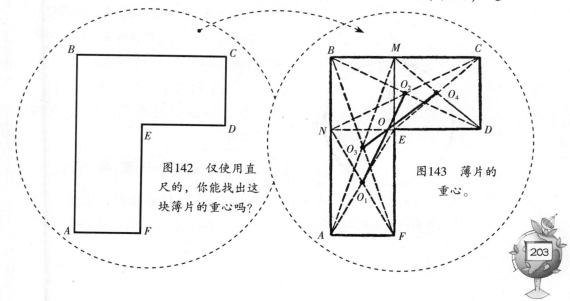

图142　仅使用直尺的，你能找出这块薄片的重心吗？

图143　薄片的重心。

长边*FE*，使它与*BC*交于点*M*。我们不妨把这块薄片看成是由矩形*ANEF*和矩形*NBCD*组成。对于每一个矩形的重心，都在它们对角线的交点上，也就是在点O_1和O_2处。所以，整个薄片的重心必定在直线O_1O_2上。

现在，我们再把这块薄片看成是由矩形*ABMF*和矩形*EMCD*组成，而这两个矩形的重心分别在点O_3和O_4处。

同样的道理，整个薄片的重心肯定在直线O_3O_4上。所以，整个薄片的重心必定在直线O_1O_2和O_3O_4的交点*O*处。

这样，只利用直尺，我们就解决了这个问题。

拿破仑也感兴趣的题目

前面的题目都是只利用直尺而不使用圆规来作图就可以解答的。现在，我们来看另外几个题目，这里的限制条件跟上面的正好相反，要求只许使用圆规，而不能使用直尺作答。说到这类题目，曾经让拿破仑也很感兴趣。据说，他在读了意大利学者马克罗尼关于这类题目的著作后，给数学家们出了这样一个题目。

【题目】不使用直尺，把一个已知圆心的圆周平均分成四部分。

【解答】如 图144 所示，假设圆*O*是题目给出的。现在，要求把它的圆周平均分成四部分。

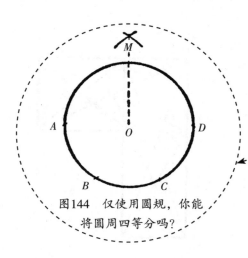

图144 仅使用圆规，你能将圆周四等分吗？

把圆规的两只脚放到圆心和圆上的一点，测量出它的半径r。然后，保持圆规的两只脚不动，从圆周上的点A开始，在圆周上依次作出点B、点C和点D。那么，根据圆的性质，我们可以得出，弧线AC的长度等于圆周长度的$\frac{1}{3}$，也就是说，AC是这个圆的内接正三角形的一条边，所以它的长度是$\sqrt{3}r$。而AD的距离正好是圆的直径，也就是2r。接下来，以AC为半径，从点A和点D分别画一条弧线，相交于点M，那么MO间的距离正好是这个圆的内接正方形的边长。为什么呢？

三角形AMO的直角边

$$MO=\sqrt{AM^2-AO^2}=\sqrt{3r^2-r^2}=\sqrt{2}r$$

这个长度正好是这个圆的内接正方形的边长。

接下来，只要以MO的长度为半径，用圆规在这个圆周上划分，就可以画出这个圆的内接正方形的顶点。很明显，这些顶点正好把圆周平均分成了四部分。

下面，我们再来看一个更简单的题目。

【题目】如 图145 所示，不使用直尺，使点A和点B之间的距离增加到5倍，或者其他任何的倍数。

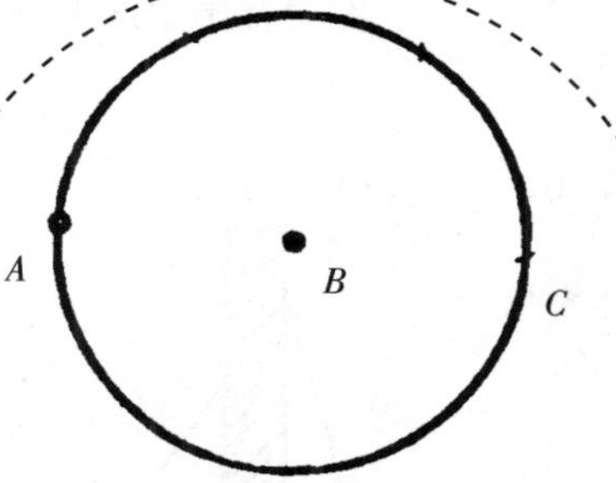

【解答】在图145中，以AB为半径，点B为圆心，用圆规画一个圆。从点A开始，以AB为长度，在画出的圆周上依次画三个点，找到点C，那么点C和点A的连线必过圆心B。也就是说，AC是圆的直径，所以AC＝2AB。

图145 只使用圆规，你能将A、B两点间的距离增加n（整数）倍吗？

然后，再以BC为半径，点C为圆心画一个圆，可以得出这个圆上与点B相对的直径上的一点。也就是说，这个点到点A的距离等于AB的3倍。后面的步骤就很简单了，读者朋友可以自己试一下。

最简单的三分角器

如果给出一个任意角，只使用圆规和一把没有标出尺度的直尺，根本不可能把这个角分成三等分。

其实，在数学上，从来没有不允许使用其他工具来划分一个角度。为了实现这一目的，人们想出了很多机械工具，并把这种工具称为三分角器。

我们每个人都可以制作出这样一个三分角器，用厚纸板或者薄铁片都可以，这样，绘图的时候就可以使用它了。

图146中的阴影部分就是一个实际大小的三分角器。线段AB的长度等于半圆的半径，BD垂直于AC，并和半圆相切于点B，BD的长度可以任意选取。

图中标出了这种三分角器的使用方法。我们该如何把$\angle KSM$进行三等分呢？

把$\angle KSM$的顶点S放到这个三分角器的BD上，并且使$\angle KSM$的一边过点A，另一边跟半圆相切。然后，画出直线SB和SO。现在，$\angle KSM$就被分成了三等分。

这一作法的正确性很容易证明。假设$\angle KSM$跟半圆相切于点N，连接ON，那么很明显，三角形ASB全等于三角形OSB，而三角形OSB全等于三角形OSN。也就是说，这些三角形是全等的。所以，$\angle ASB$、$\angle OSB$和$\angle OSN$彼此相等，证明完毕。

这种三等分角的方法，已经不是纯几何学的问题了，我们可以称它为机械方法。

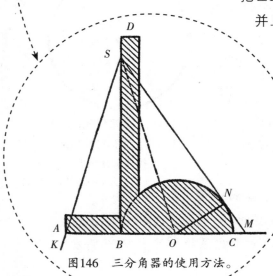

图146 三分角器的使用方法。

【题目】用圆规、直尺和怀表，能否把一个给定的角三等分？

【解答】能。找一张透明的薄纸，把这个角描到上面。当怀表上的长针和短针并在一起时，把描了角的透明纸铺到怀表的表面上，使这个角的顶点正好位于短针的轴心上，而角的其中一边跟并在一起的针重合，如**图147**所示。

当怀表的长针走到跟角的另一边重合时，当然了，也可以手动把长针拨到那儿，在透明纸上，依顺时针的方向从角的顶点画一条线。这样，就得到了一个角。这个角的大小等于时针转动的角度。然后，利用圆规和直尺，把这个角放大一倍。接着，再把放大了的角接着再放大一倍。这样，就把题目给的角度进行了三等分。

实际上，当长针走一个 α 度角时，短针走过的角度正好是长针的 $\frac{1}{12}$，也就是 $\frac{\alpha}{12}$。那么，如果把这个角度放大一倍再放大一倍，就相当于放大了4倍，也就是说，得到的角度就是 $\frac{\alpha}{12} \times 4$，也就是 $\frac{\alpha}{3}$。

用怀表将角三等分

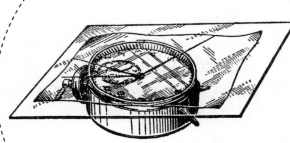

图147 怀表三分角器。

怎样等分圆周

喜欢动手制造东西的人，比如，无线电爱好者、模型设计者，或者别的创造者，在实际工作中，经常会碰到下面这些需要动脑筋的题目。

【题目】从一块铁片上割出一个正多边形，边数是任意指定的。

其实，这个题目跟下面的题目是一样的：把一个圆周平均分成 n 份，这里的 n 是整数。

【解答】我们暂且把量角器放到一边，不使用它。因为这毕竟是一种"用视觉"来解决问题的方法。下面我们试着用几何的方法解决，也就是只用直尺和圆规。

首先，我们先考虑这么一个问题：从理论上说，只用直尺和圆规，可以把一个圆周平均分成多少个相等的部分呢？其实，关于这个问题，数学上已经给出了正确的答案，也就是说，并不是所有的数字都可以。这些可以实现的数字是：

2、3、4、5、6、8、10、12、15、16、17……257……

而下面的数字是不可以实现的：7、9、11、13、14……

还有更糟糕的，对于这类题目，并没有一个固定的作图方法。比如，分成15等分和12等分的方法是不同的。而且，这些方法并不是那么容易记住。

所以，在实际工作中，非常需要找到一种几何学方法，哪怕只是求出近似值，只要方法比较简单就行。

不过，很可惜，在几何学课本中，并没有注意到这一问题。下面，我们就来介绍一个解答这类题目的有意思的近似方法。

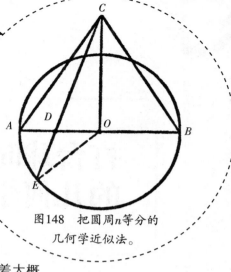

图148 把圆周n等分的
几何学近似法。

如 图148 所示，把图中给出的圆周平
均分成9部分。

任取一直径AB，用圆规作一等边
三角形ACB，在直径AB上取一点D，使
$AD:AB=2:9$。（一般遇到这类问题的
时候，我们都把这一线段分成$2:n$）。

连接点C和点D，并延长至圆周上的点
E，那么弧线AE就大概等于圆周长度的$\dfrac{1}{9}$，或
者说，弦AE就是内接正九边形的一条边。它的误差大概
是0.8％。

把刚才作图中的圆心角AOE和等分数n的关系用算式表示出来：

$$\tan\angle AOE=\frac{\sqrt{3}}{2}\times\frac{\sqrt{n^2+16n-32}-n}{n-4}$$

如果n的数值比较大，上式可以简化为：

$$\tan\angle AOE\approx 4\sqrt{3}(n^{-1}-2n^{-2})$$

从另一种意义上说，要想把圆周准确地划分成n等分，那么圆心角AOE应
该是$\dfrac{360°}{n}$。把$\dfrac{360°}{n}$和角AOE进行比较，就可以得到误差的大小。

在下表中，我们列出了一些n值对应的误差。

n	3	4	5	6	7	8	10	20	60
$\dfrac{360°}{n}$	120°	90°	72°	60°	51° 26′	45°	36°	18°	6°
$\angle AOE$	120°	90°	71° 57′	60°	51° 31′	45° 11′	36° 21′	18° 38′	6° 26′
误差%	0	0	0.07	0	0.17	0.41	0.97	3.5	7.2

由上表我们可以知道，如果采用上面的方法把一个圆周平分成5、7、8、
10部分，误差并不是很大，只有0.07％到1％。对于这么小的误差，在实际情
形下，并不会有什么影响。但是，如果这个n值比较大，这个方法的精确性就
不是很好了，误差就会比较大，不过，最大也不会超过10％。

打台球时的几何学

当我们打台球的时候，要想让击中的台球从边上弹一次、两次或者三次再落到洞里面，而不是直线到洞口，那么就需要从几何的角度来考虑这个问题。

关于这个问题，最关键的是要用眼睛正确地判断出台球第一次撞到台边的那个点。而台球在台面上走过的路径，我们可以根据入射角等于反射角的反射定律来得到。

【题目】如 图149 所示，一开始的时候，假设台球在台面中央，要想让它跟台子的边撞击三次，也就是反射三次，再落入洞A中，应该怎样利用几何学知识得出这个路径？

【解答】我们可以这样想象：除了图示的这张台子外，在这个台子的短边上并列排着三张一样的台子，我们要把台球击向第三张台子上最远的那个洞里。

请看 图150，下面，我们就利用它来解释一

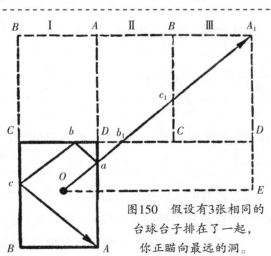

图150　假设有3张相同的台球台子排在了一起，你正瞄向最远的洞。

图149　关于台球台子的几何学题目。

下。假设折线$OabcA$为台球被击打后的路径。现在，我们把这张台子绕直线CD翻转180°，也就是到图中 I 的位置。然后，绕直线AD翻转一次，再绕直线BC翻转一次，也就是到图中Ⅲ的位置。这时，洞口A的位置到了点A_1处。

根据图中的几个全等三角形，我们可以证明下面几个等式：

$$ab_1 = ab, \quad b_1c_1 = bc, \quad c_1A_1 = cA$$

也就是说，线段OA_1的长度等于折线$OabcA$的长度。

所以，只要向图中的点A_1击打台球，就会使它沿折线$OabcA$前进，一直滚到洞A里面。

现在，我们再来讨论这样一个问题：在什么条件下，直角三角形A_1EO的边OE和边A_1E相等？

其实，很容易得出，$OE = \frac{5}{2}AB$，$A_1E = \frac{3}{2}BC$。由$OE = A_1E$，有$\frac{5}{2}AB = \frac{3}{2}BC$，也就是$AB = \frac{3}{5}BC$。所以说，如果台子的短边跟长边的比值是$\frac{3}{5}$，那么，$OE = A_1E$。这时，想要把台子中央的台球打到洞$A$里面，应该沿着跟台边成45°角的方向击打。

让"聪明的台球"来倒水

在前文中，我们通过简单的几何作图方法，解决了一个打台球的题目。现在，我们让台球自己解答一个很有意思的古老的问题。

这怎么可能呢！台球还会思考？这是真的。如果我们要进行某种计算，并且已经知道了题目中给出的已知条件、接下来的计算方法，以及计算顺序，那么我们是可以把这项工作交给机器来完成的，它会比我们计算得还

要快，并且能够得出正确的答案。

基于这个想法，人们发明了很多用来计算的机器。最简单的要数只会进行加减法计算的机器了。计算机算是比较复杂的机器。

在日常生活中，我们经常碰到下面的题目，比如说，在一个定量的容器中盛有一种液体，并且装得很满。现在，我们要把液体的一部分倒出来，但是手里只有两只空的容器，它们的容量已知，那么我们应该怎么倒呢？

我们来看一道这样的题目。

有一只水桶，它的容量是12杓（1升等于10合，1合等于10杓），另外两只水桶的容量分别是9杓和5杓。现在，我们往大桶里装满水。那么，如果用这两只空桶来分大桶里的水，怎样才能把平分？

要想解答这个问题，我们不可能真的用水桶来试。其实，我们可以用下面的表格来实现。

9杓桶	0	7	7	2	2	0	9	6	6
5杓桶	5	5	0	5	0	2	2	5	0
12杓桶	7	0	5	5	10	10	1	1	6

在上表的每一栏中，标出了每次倾倒的杓数。

第一栏：空着9杓桶，把5杓桶倒满，也就是说，12杓桶里还有7杓水。

第二栏：把12杓桶里的7杓水倒进9杓桶。

……

我们看到，在这个表中，一共有9栏，也就是说，倒9次就可以解这个题目。

其实，如果变换倾倒的顺序，我们也可以解决这个题目。

你试过之后就会发现，上表中的方法并不唯一，但是如果采取别的方法，倾倒的次数要大于9次。

说到这里，我们可能会有下面的两点想法：

● 能否找到一个能适用于倾倒任何容量液体的倾倒顺序？

● 能否用两个空容器从第三个容器中倒出任意数量的水？比如说，用9杓空桶和5杓空桶，从12杓桶中取出1杓、2杓、3杓或者11杓水。

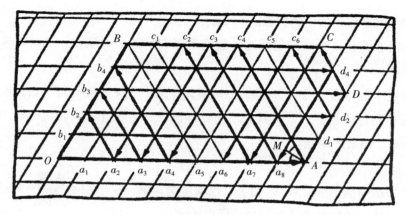

图151 "聪明的台球"示意图。

关于上面的问题，只要制造一张结构特殊的台子，台球也可以解答出来。

找一张白纸，在上面画一些斜形的格子，使每个格子都成锐角为60°的菱形，且每个菱形的大小相等。然后，按照图151所示的样子画出图形 $OBCDA$。

这样，我们就给台球制作了一张特殊的"台球案"，它的形状就是图151中的图形。如果台球在台子上沿着直线 OA 运动，那么根据入射角等于反射角这一反射定律，$\angle OAM = \angle MAc_4$，所以台球会被边 AD 撞回来，并且沿着直线 AC_4 过去，然后在点 c_4 又撞到边 BC，接着沿着直线 c_4a_4 回来，之后，它会沿着直线 a_4b_4、b_4d_4、d_4a_8 走……

在前面的题目中，我们一共有三个桶：9杓桶、5杓桶和12杓桶。与此对应，在图151中，我们取边 OA 为9格，边 OB 为5格，边 AD 为3（$12-9=3$）格，边 BC 为7（$12-5=7$）格。

需要注意的是，图形边上所有的点，都跟边 OB 或者 OA 相隔一定的格数。比如说，点 c_4 跟边 OB 相隔4格，跟边 OA 相隔5格；而点 a_4 跟边 OB 相隔4格，跟边 OA 相隔0格（a_4 本来就在边 OA 上面）；点 d_4 跟边 OB 相隔8格，跟边 OA 相隔4格，等等。

所以，每当台球撞击边上的每一点，都对应着两个数字。这两个数字中，我们假设其中的一个就是跟边 OB 相隔的格数，用它表示9杓桶里面的水量，也就是杓数；而另一个数则表示同一个点跟边 OA 相隔的边数。那么，剩

下的水量就是12构桶中的构数。

到现在为止，一切准备就绪，我们可以利用这个"聪明"的台球来解答问题了。

把这个台球再次沿边OA打出去，那么，这个台球在碰到每个台边时，就会接着折到另一条台边上，我们不妨这样假设，经过几次跟台边的撞击，它到了点a_6，如果151所示。

第一次的撞击点：$A（9；0）$。也就是说，第一次倾倒的时候应该按右表来分配12构桶中的水：

9构桶	9
5构桶	0
12构桶	3

9构桶	9	4
5构桶	0	5
12构桶	3	3

第二次的撞击点：$c_4（4；5）$。也就是说，第二次倾倒的时候，台球给我们左表中的分配建议：

第三次的撞击点：$a_4（4；0）$。也就是说，第三次倾倒的时候，应该把5构桶中的5构水倒回到12构桶中：

9构桶	9	4	4
5构桶	0	5	0
12构桶	3	3	8

9构桶	9	4	4	0
5构桶	0	5	0	4
12构桶	3	3	8	8

第四次的撞击点：$b_4（0；4）$。按左表进行分配：

第五次的撞击点：$d_4（8；4）$；要把12构桶中的8构水倒进9构桶中：

9构桶	9	4	4	0	8
5构桶	0	5	0	4	4
12构桶	3	3	8	8	0

就这样，只要跟着台球走，就可以得到下面的表：

9杧桶	9	4	4	0	8	8	3	3	0	9	7	7	2	2	0	9	6	6
5杧桶	0	5	0	4	4	0	5	0	3	3	5	0	5	0	2	2	5	0
12杧桶	3	3	8	8	0	4	4	9	9	0	0	5	5	10	10	1	1	6

这样，在倾倒了多次之后，完成了题目的要求，在两个桶中都有6杧水。而且，这个问题是台球帮助我们解决的。

不过，跟前面的解答方法相比，台球做得并不好。在前面的方法中，只要过8道手就可以了，但是这里需要过18道手。

其实，有时候台球也可以给我们提供比较简便的方法。如图151所示，如果我们让台球沿着边OB打出去，那么根据"入射角等于反射角"这一反射定律，当它沿着边OB来到点B后，就会从边BC折回来，再沿边 Ba_5 滚过去。接下来，会沿着边a_5c_5、c_5d_1、d_1b_1、b_1a_1、a_1c_1走去，最后沿着边 c_1a_6 到达点 a_6。

可以看到，这里只需要8道手续！

按照上面的假设，如果把台球每一次的撞击点记录下来，我们可以得出下面的表：

9杧桶	0	5	5	9	0	1	1	6
5杧桶	5	0	5	1	1	0	5	0
12杧桶	7	7	2	2	11	11	6	6

也就是说，台球给我们提供了最简便的方法，只要8次程序就可以完成题目的要求。

不过，在有些类似的题目中，可能得不到我们需要的答案。

那么，这时候，台球是如何发现的呢？

很简单：在这种情况下，台球会返回到出发点O，而不是到需要的点上。

如图152所示，这里的桶分别是9杧桶、7杧桶和12杧桶，它给我们的结果是：

9杧桶	9	2	2	0	9	4	4	0	8	8	1	1	0	9	3	3	0	9	5	5	0	7	7	0
7杧桶	0	7	0	2	2	7	0	4	4	0	7	0	1	1	7	0	3	3	7	0	5	5	0	7
12杧桶	3	3	10	10	1	1	8	8	0	4	4	11	11	2	2	9	9	0	0	7	7	0	5	5

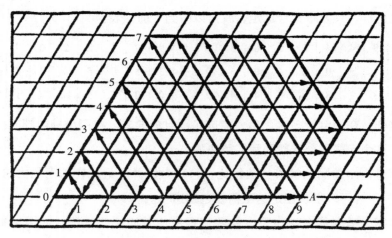

图152 "聪明的台球"告诉我们不能用9枡桶和7枡桶
从装满水的12枡桶中倒出两份6枡水。

也就是说，这台"机器"告诉我们：用9枡桶和7枡桶，从盛满水的12枡桶里，可以倒出任何枡数的水，除了6枡。

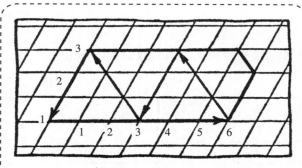

图153 解答另一道关于注水的题目。

如图153所示，如果这三个桶分别是6枡桶、3枡桶和8枡桶，台球只撞了4次边，就回到了出发点O。从下面的表可以看出，也不能从盛满水的8枡桶中倒出4枡水来。

从前面的例子可以看出，在我们设计出的"台球案"上，"聪明"的台球成了一部特殊的计算机，可以解答倾倒的题目。

6枡桶	6	3	3	0
3枡桶	0	3	0	3
8枡桶	2	2	5	5

一笔画出来

【题目】如图154所示，有5个图形。现在，要把它们描到一张白纸上面，要求每一个图形只用一笔描下来。也就是说，在描的过程中，铅笔不能离开白纸，而且已经描过的不能再描第二遍。

很多人在拿到这个题目时，都选择从图形d开始。这是因为在他们看来，这个图形是最简单的，但是令他们失望的是，这个图形好像根本就描不出来。于是，他们继续怀着失望的心情试其他的图形，结果令他们感到惊奇是，第一个和第二个图形，看起来好像很复杂，但却很容易就能描出来，甚至更复杂的第三个图形也可以描出来。只有第四个图形和第五个图形，他们怎么试，都描不出来。

那么，为什么有些图形是可以一笔画出来的，而有些却不能呢？难道是因为我们不够聪明，还是由于根本就做不到？在这种情

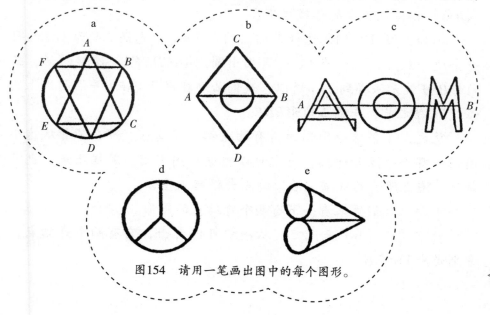

图154 请用一笔画出图中的每个图形。

况下，我们是否能找到一条线索，可以事先判断出一个图形能否用一笔描出来呢？

【解答】我们不妨把图形中各条线的交点称为"结点"，并把偶数条线会聚的点称为偶结点，把奇数条线会聚的点称为奇结点。在图形（a）中，每个结点都是偶结点，在图形（b）中，有两个奇结点（点A和点B）；在图形（c）中，奇结点在中间横切的直线两端；在图形（d）和图形（e）中，分别有4个奇结点。

首先，我们来看一下所有结点都是偶结点的几个图形，比如图形a。在描画的时候，我们可以从图上的任意一点S开始。比如说，我们首先通过的是结点A，那么这儿有两个方向，一个是朝向点A，一个是远离点A。因为对每一个偶结点来说，从这个结点出去的线和进去的线的条数是相同的，当我们每次从一个结点描向另一个结点的时候，还没有被描绘的线就会减少两条，所以描完所有的线后就会回到出发点S，从理论上说，这是完全可能的。

但是，如果笔已经回到了出发点，已经没有路可以再走了，但是在图形上还有一些线没有描绘，我们假设这些线是由结点B引出的，而我们已经走过结点B。这就是说，我们必须修正刚才的路线：在到达结点B时，先描出刚才那些没有描到的线，然后等回到点B后，再按照原来的路线描下去。

比如，假设我们想这样来描出图形（a）：先描三角形ACE的每一条边，然后，到达点A后，再描出圆周ABCDEFA。这样的话，三角形BDF就无法描到了，所以，我们必须在离开结点B并沿圆周上的弧线BC描之前，先描三角形BDF。

总之，如果这个图形的所有结点都是偶结点。那么不管从这个图形的哪一个点开始描，肯定可以把这个图形用一笔描下来。也就是说，图上所有的线描完后，终点会跟起点重合。

下面，我们再来看一下有两个奇结点的图形。

就拿图形（b）来说吧！从图中可以看出，它有两个奇结点，分别是点A和点B。

试一下就会知道，这个图形也可以用一笔描出来。

实际上，从其中的一个奇结点开始，经过某几条线到达第二个奇结点，比如图154中的图形（b），从点A经过ACB到点B。描完这些线后，对每个奇结点来说，就减少了一条线，就好像这条线不存在似的。所以，这两个奇结点就变成了偶结点。在这个图形中，没有其他的奇结点，所以，现在的图形就只有偶结点了。比如说，在图形b中，描完ACB后，剩下的图形就只有一个三角形和一个圆周。

对于这样的图形，刚才我们已经说过，可以用一笔画下来，所以整个图形完全可以用一笔描下来。

需要说明的是，当我们从其中的一个奇结点开始描画时，必须选择好通往第二个奇结点的路径，不能出现跟原来的图形隔绝的情况。比如说，当我们描画154中的图形（b）时，如果你是从奇结点A沿直线AB到达另一个奇结点B的，那就不行了。因为这时候的圆周跟其他部分隔绝开了，下面的图形就不能描到了。

总之，如果在一个图形中有两个奇结点，那么要想描画成功，必须从其中的一个奇结点开始，最终停在另一个奇结点上。也就是说，笔的起点跟终点不在同一个点上。

我们可以很容易得出，如果一个图形有四个奇结点，那它只能用两笔画出，而不是一笔。在图154中，图形（d）和图形（e）都属于这一类。

现在，我们已经看到，如果学会正确思考问题，就可以事先知道很多事情，避免浪费精力和时间。以后如果遇到此类题目，你可以马上断定，这个图形能否一笔画出来。而且，你还知道应该从哪一个结点开始描画。

另外，你也可以自己设计出一些这样的图形，拿给你的朋友解答。

最后，请读者朋友把 图155 中的两个图形用一笔描出来。

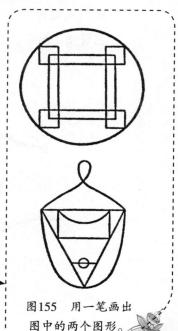

图155 用一笔画出图中的两个图形。

219

柯尼斯堡的7座桥

200多年前，在可尼斯堡的波列格尔河上，架着7座桥，如图156所示。

1736年的一天，数学家欧拉（他那时只有29岁）在河边散步，突然对下面的题目产生了浓厚的兴趣：能不能做到走过这7座桥，每座桥只通过一次？

不难看出，这个题目，跟前面讲的关于描画图形的题目是一样的。

如图156中的虚线所示，我们先把可能的路径画出来，结果，我们得到的图形跟图154中的e相同，它有4个奇结点。根据前面的分析，我们知道，这个图形是不可能用一笔描画出来的，也就是说，通过这7座桥梁的时候，如果每座桥只能通过一次，是不可能实现的。当时，欧拉在发现这一问题后，还把它证明了出来。

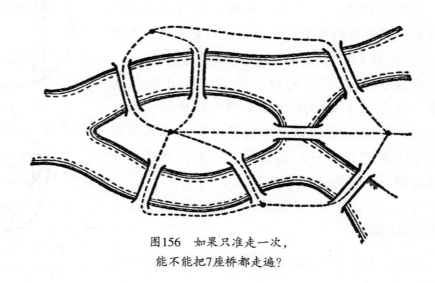

图156　如果只准走一次，
能不能把7座桥都走遍？

在学习了"一笔画出来"的知识后，你可以跟你的同学或者朋友炫耀说，通过4个分散的点，你用一笔可以画出来不连续的图形。而且，在这个过程中，笔始终没有离开纸，也不用画多余的线。

几何学吹牛

其实，我们很清楚，这根本不可能。但是吹牛的话已经说出口，该怎么实现呢？下面，我来教你一招。

如 图157 所示，从点A开始，画一个 $\frac{1}{4}$ 圆的弧，连接端点A和B，就得到了弦AB。然后，在点B处放一张透明的纸，或者把这张纸的下半部分折起来，接着用铅笔把半圆的下半部分移到点B对面的点D。

然后，我们把透明的纸片拿走，或者把折起来的纸展开。那么，在这张纸对着我们的这一面上，只有画好的弦AB，但是铅笔却跑到点D那儿去了。

图157　绘图示意图。

我们还可以把图形画完，接着，画出弦DA，然后，画出直径AC、弦CD以及直径DB，最后，再画出弦BC，这样，就画完了。其实，我们也可以从其他的点开始，比如，从点D开始，画出这个图形。读者可以自己试一下。

221

如何检查正方形

【题目】裁缝手里有一块布料，他想检查一下这块布料的形状是不是正方形，他沿着布料的两条对角线分别进行了对折，结果发现布料的四个边正好相互吻合。但是，这种方法真的科学吗？

【解答】这是不科学的。这位裁缝的检查方法，只不过证明了这块布料的四个边是彼此相等的。具有这一特性的四边形不仅仅是正方形，菱形也有这一特性，但是，只有当菱形的四个角都是直角时才是正方形。所以，裁缝师傅用这个方法来检查，是不可靠的。除了上面的检查外，至少还应该看一下布料的四个角是不是都是直角。比如，把这块布料沿着中线折叠，看它在一边上的几个角是不是相互吻合。

下棋游戏中的"常胜将军"

下面我们介绍一个游戏：找一张正方形的纸，以及一些形状相同并且对称的东西，比如，分值相等的硬币、围棋的棋子、火柴盒等。尽量多找一些这种东西，使它们能够铺满这张纸。

这个游戏需要两个人玩，按照顺序，每次拿一枚棋子，依次放到这张纸上的任意位置，一直放到纸上再也放不下任何棋子为止。

规则还要求，任何棋子在放下去后，不得再改变它的位置。最后那个放

图158 下棋游戏。

下棋子的人算获胜的一方。

【题目】玩这个游戏的时候，有没有一种方法能保证走第一步的人获胜？

【解答】如图158所示，先下棋的人把第一枚棋子放到这张纸的正中间，并使棋子的中心跟纸的中心重合，以后只要把每一枚棋子放到对手所下的棋子的对称位置，并一直遵守这个原则，那么只要另一个人仍然可以找到位置放置棋子，你就也可以找到放棋子的位置，所以第一个放棋子的人必定获胜。

这个方法可以用几何学解释：我们知道，四方形的纸有一个对称中心，通过这个中心点的直线可以把这张纸分成两半，也就是图形被分成了两个相等的部分。所以，在这个四方形的纸上，除了中心点，其他的位置一定有一个对应的对称位置。

综上可知，只要首先下棋的人占据了纸的中心点，那么不管对手把棋子放到哪个地方，在四方形纸上一定可以找到这个地方的对称位置，从而把棋子放在那里。

每次放棋子的时候，位置都由后走的人选择，所以玩到最后的时候，当他还要放棋子的时候，纸上已经没有了地方，所以先下的人就胜利了。

Chapter 11
几何学中的"大""小"

1立方厘米中有27 × 10¹⁸个……

在本篇的标题中有一个非常长的数，这个数就是：

270000000000000000000

也就是在27的后面有18个零。在不同的环境下，它有不同的读法。有的人读成27万亿，而在财务上，常将它读为27艾（可萨）。我们还可以把这个数字写成27×10^{18}，读法是：27乘以10的18次方。

那么，本篇的标题到底是什么意思呢？

其实，这个数字表示的是在我们周围空气的微粒数。我们知道，跟世界上的其他物质一样，空气也是由分子组成的。物理学家测定，在0℃下，1立方厘米的空气中含有27×10^{18}个分子。这个数字非常巨大，即使是最富于想象力的人，也无法恰当地想象出这个数字大到什么程度。这么大的一个数字，在我们日常生活中，还真的很难找到可以跟它比拟的东西。全世界的人口也不过是 50亿（即5×10^9），跟它比起来，

> 这个数据为作者年代统计数据。根据美国人口调查局估计，截至2013年1月4日，全世界约有70.75亿人。

数量要小得多，这个数字是50亿的54亿（即5.4×10^9）倍。如果我们利用最先进的望远镜来观察宇宙间的星体，并且假设我们所观察到的星体都跟太阳一样，周围环绕着很多行星，而且每个行星上面都有跟地球一样多的人口，那么，这些行星上的所有人口之和，也没有这个数字大。如果你想把所有星球上的人口数出来，即使你每分钟可以数100个，并且中间不停顿，也大概需要5000亿年的时间才能数完。

实际上，即便是一个比较小的数字，也很难给我们一个确切的印象。比

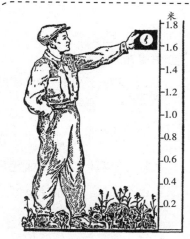

图159 一个青年与放大1000
倍的伤寒杆菌。

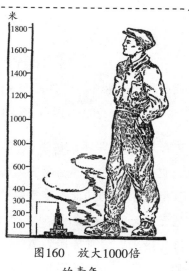

图160 放大1000倍
的青年。

如，一个显微镜的放大倍数是1000倍，那么这个数字究竟表示什么意思呢？特别是在一些非常微小的物体上，我们通常很难正确判断它的大小。在前面的显微镜下，如果在正常的明视距离，也就是25厘米的距离上，观察伤寒杆菌，它的大小跟一只苍蝇差不多，如图159所示。而实际上，这个杆菌有多么微小呢？我们不妨这么设想一下，假设你自己就是那个伤寒杆菌，那么如果把你放大1000倍，你的身高将是1700米，这时候，你的头部已经伸出了云层，很多摩天大楼还不到你的膝盖高度，如图160所示。这里的对比，就是伤寒杆菌放大前后的差异。

你可能会这么想，那么多的分子都在1立方厘米中，它们不挤吗？是的，不挤。氧分子或氮分子的直径大概是 $\dfrac{3}{10000000}$ （即 3×10^{-7} ）毫米。如果我们把分子直径的立方当成它的体积，就是：

体积与压力
的关系

$$(3 \times 10^{-7})^3 = 27 \times 10^{-21} \text{ 立方毫米}$$

而在1立方厘米中，一共有 27×10^{18} 个分子，所以，这些分子所占的体积是：

$$27 \times 10^{-21} \times 27 \times 10^{18} = 729 \times 10^{-3} \text{ 立方毫米}$$

大概是1立方毫米，相当于1立方厘米的 $\frac{1}{1000}$。也就是说，跟分子的直径相比，这些分子之间的空隙要大多了。所以，这些分子可以在这里面随意运动。实际上，我们知道，空气中的分子并不是静止不动的，更不是堆成一堆的，它无时无刻不在运动，从一个地方到另一个地方不停地运动着。

在工业上，经常要用到氧气、二氧化碳、氢气、氮气等气体。但是，要想大量保存它们，就需要非常大的容器。比如说，在正常气压下，1吨（1000千克）氮气的体积是800立方米，也就是说，保存1吨氮气需要800立方米容器的容量。如果是1吨氢气，需要的容器容量是10000立方米。

工程师们想了一个办法，把它们的分子进行挤压，也就是压缩这些气体，使它们排得紧密一些。但是，这在实际操作过程中却不是一件简单的事情。我们知道，当我们向气体施压的时候，它也会反作用力于容器壁。所以，这就要求非常坚固的容器，并且不会被里面所装的气体腐蚀。

于是，人们想到了合金钢这种材料制成的化学器皿可以承受很大的压力和很高的温度，并且不会跟气体发生化学反应。

现在，我们已经可以把氢气压缩到原来体积的 $\frac{1}{1163}$。也就是说，在正常气压下，1吨氢气所占体积是10000立方米，而在如 图161 中，它只需要大概9立方米容积的钢筒就可以了。

我们可以思考一下，这时候，钢筒里氢气的体积缩小到了原来的 $\frac{1}{1163}$，那它受到的压力有多大？

在物理学上，气体的体积要缩小到原来的多少分之一，压力就会增加到原来的多少倍，所以我们马

图161 左图：一吨重的氢气，在大气压力下所占的体积。右图：它在5000气压下所占的体积。（图中比例仅供参考）。

上就可以得出，它所受到的压力增加到了原来的1163倍。真实情况是这样的吗？当然不是，实际上，这时候筒里面的氢气压力是5000个大气压。也就是说，这时候的压力比1163倍大多了。这是因为，当压力不太大的时候，前面的比例关系是成立的，但是在压力比较大的时候，这个关系就不成立了。比如说，在化学工厂中，1吨氮气在正常气压下的体积是800立方米，而在1000个大气压下，它的体积是1.7立方米；如果气压增大到5000个，体积是1.1立方米。

比蛛丝还细、钢丝还结实的丝线

如果我们把一根细线、铁丝或者蜘蛛丝的截面切开，就会发现，不管它们多么细，这个截面总会呈现一定的形状，通常来说都是圆形的。一般来说，一根蜘蛛丝的截面直径大概是5微米，也就是0.005毫米。那么，有没有什么东西比它还细？蚕丝吗？其实不是，天然蚕丝的直径大概是18微米，是蜘蛛丝的3.6倍。

在很早的时候，人们就想拥有这样的本领，可以把线纺得跟蜘蛛丝或者蚕丝一样细。我们都知道，在希腊神话中，女织工阿拉克尼就拥有这样的本领，她所织出的织物薄得跟蜘蛛丝似的，透明得跟玻璃一样，轻得像空气一样没有质量。智慧女神和守护神雅典娜跟她比起来都逊色多了。

跟其他古老的传说一样，这只是一个传说。但是，我们现在确实已经拥有了这样的能力。跟阿拉克尼一样，我们可以从普通的木材中提取出非常细又非常坚韧的人造纤维。比如说，利用铜氨法，人们制成了一种人造丝，它的截面直径只有蜘蛛丝的$\frac{2}{5}$，而它的韧度跟天然的蜘蛛丝相比差不多。天然蜘蛛丝每平方毫米截面上承受的质量大概是30千克，而利用铜氨法制成的人造丝，在同样大小的截面上，可以承受的质量是25千克。

229

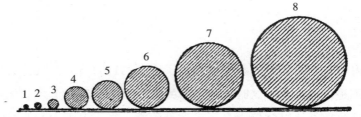

图162 几种丝纤维的粗细对比

1.铜氨法人造丝；2.蛛丝和醋酸纤维素法人造丝；3.粘胶法
人造丝；4.耐纶；5.棉；6.天然丝；7.羊毛；8.人的头发。

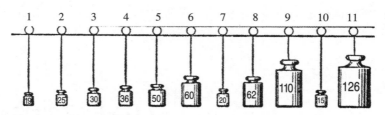

图163 纤维的坚韧度（每平方毫米截面能承受的千克质量）。

说到利用铜氨法制造人造丝，这个方法非常有意思。首先，我们需要把木材变成纤维素，然后放进氧化铜的氨溶液中进行溶解，形成的溶液透过小孔流到水里面，用水把里面的溶剂除去，然后，把这样得到的细丝缠绕到一种特制的装置上。利用这种方法制成的人造丝直径大概只有2微米。还有一种方法，叫醋酸纤维素法，也可以制成这种人造丝，只不过制成的人造丝比铜氨法要粗1微米。更令人惊奇的是，在利用醋酸纤维素法制成的几种人造丝中，有的竟然比钢丝还要坚韧！一般来说，钢丝每平方毫米截面上承受的质量是110千克，用醋酸纤维素法制成的人造丝，每平方毫米截面上承受的质量可以达到126千克。

而如果用粘胶法来制人造丝，它的粗细大概是4微米，它每平方毫米截面上可以承受20千克～62千克的质量。图162中列出了天然蜘蛛丝、头发丝，以及一些人造纤维的粗细比较。在图163中，列出了它们的韧度，也就是每平方毫米截面上所能承受的质量。

人造纤维我们又称为合成纤维，是现代的一项重要技术发明，在经济上具有重大的意义。我们知道，棉花生长得比较慢，并且产量也难以保证，还要看天气。而蚕丝的产量又太低，一只蚕一年只能产出大概0.5克的蚕丝。

而通过化学加工的方法，一立方米的木材制成的人造丝大概相当于320000个蚕茧；如果换算成羊毛，大概是30头羊一年的产毛量；如果换算成棉花，是7亩～8亩棉田的产量。利用这些纤维，可以制成4000双女袜或者1500米长的织物。

在几何学上，如果我们比较的不是数字，而是面积或者体积，就很难搞清楚它们的大小。我们可以很容易地分清楚5千克果酱比3千克多，但是却不一定一下子就判断出桌子上的两个容器哪个容量大。

两个容器哪个大

【题目】如图164所示，这两个容器哪个容量大？左边那个的高度是右边的3倍，而右边的宽度是左边的2倍。

【解答】对于很多读者来说，可能会觉得高的那个容量比宽的那个要小一些。下面，我们来证明一下。

根据已知条件，如果窄容器的底面积是1，那宽容器的底面积就是$2 \times 2 = 4$，而窄容器的高是宽容器的3倍，所以宽容器的体积是窄容器的$\frac{4}{3}$倍。如果把高容器盛满水，然后倒进宽容器中，水的体积只有宽容器容量的$\frac{3}{4}$，如图165所示。

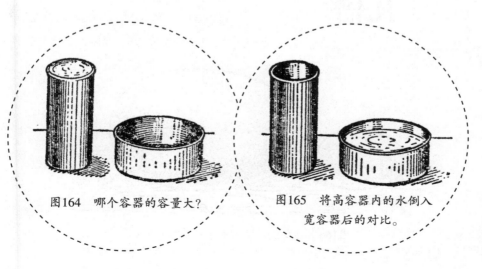

图164　哪个容器的容量大？

图165　将高容器内的水倒入宽容器后的对比。

巨大的卷烟

【题目】卷烟店的橱窗上摆放着一支巨大的卷烟，它的长度和宽度是普通卷烟的15倍。如果一支普通卷烟的烟丝是0.5克，那么要想制成这样一支巨大的卷烟，需要多少烟丝？

【解答】$\frac{1}{2} \times 15 \times 15 \times 15 \approx 1700$（克）

也就是说，需要1700克左右的烟丝。

鸵鸟蛋的体积是鸡蛋的几倍

【题目】如图166所示，图中有3枚蛋，它们是按照同一比例画的，最左边的是鸵鸟蛋，中间的是已经灭绝了的隆鸟蛋，最右边的是鸡蛋。那么，图中鸵

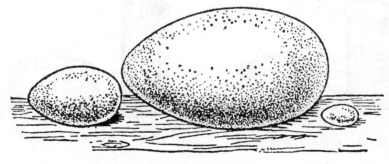

图166 鸵鸟蛋、隆鸟蛋和鸡蛋的对比。

鸟蛋的大小是鸡蛋的多少倍？乍看起来，它们的差别不是很大，但是，如果用几何学知识进行分析，你会得到意想不到的结果。

【解答】用直尺把图中两枚蛋的大小测量出来，我们可以得出，鸵鸟蛋的长度大概是鸡蛋的 $2\frac{1}{2}$ 倍。所以，鸵鸟蛋的体积是鸡蛋的：

$$2\frac{1}{2} \times 2\frac{1}{2} \times 2\frac{1}{2} \approx 15（倍）$$

也就是说，如果一个人一餐吃3枚鸡蛋，这枚鸵鸟蛋足够一家5口人吃了。

【题目】古时候马达加斯加曾生活着一种巨大的鸟，叫隆鸟，它的蛋有28厘米长，如图166中间的那枚蛋。一般来说，鸡蛋的长度只有5厘米。请问，一枚隆鸟蛋相当于多少枚鸡蛋？

隆鸟蛋的体积有多大

【解答】$\frac{28}{5} \times \frac{28}{5} \times \frac{28}{5} \approx 170（枚）$

也就是说，一枚隆鸟蛋的体积大概相当于170枚鸡蛋，我们可以很容易计算出，它的质量是8千克～9千克。这么大的蛋，四五十个人吃一顿都够了。

大小对比最显著的蛋是什么蛋

【题目】其实，在所有的蛋类中，大小对比最鲜明的是一种红嘴天鹅的蛋和另一种黄头鸟的蛋。如 图167 所示，这是它们的真实大小。在体积上，它们的比例关系是怎样的？

【解答】用直尺分别测量出它们的长度和宽度，长度大概是125毫米和13毫米，宽度大概是80毫米和9毫米。我们很容易可以得出，它们的长度跟宽度比例关系几乎一样。所以，我们可以在几何学上把它们看成是相似的，误差不会很大。它们体积比是：

$$\frac{80}{9} \times \frac{80}{9} \times \frac{80}{9} \approx 700$$

也就是说，这种红嘴天鹅蛋的体积大概是黄头鸟蛋的700倍！

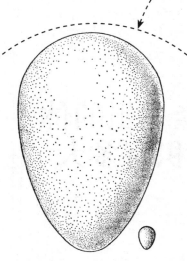

图167　红嘴天鹅和黄头鸟蛋的对比。

【题目】两只蛋的形状相同，但是它们的大小不一样。假设它们蛋壳的厚度相等，我们想得出它们蛋壳大概的质量，但是不允许把它们打破，应该进行哪些测量或者称重？

不打破蛋壳，就能测出壳的质量

【解答】先测量出它们的长度，我们记为D和d。假设其中一个蛋壳的质量是x，另一个蛋壳的质量是y。我们知道，蛋壳的质量跟它的面积成正比，也就是说，跟它的长度平方成正比。所以，如果两枚蛋壳厚度相等，那么可以有下面的比例关系：

$$x : y = D^2 : d^2$$

然后，我们秤一下这两只蛋的质量，并记为P和p。我们把蛋里面蛋黄蛋白的质量看成跟体积成正比。也就是说，跟它们长度的立方成正比，可知：

$$(P-x) : (p-y) = D^3 : d^3$$

把这两个方程联立方程组，得到：

$$x = \frac{p \times D^3 - P \times d^3}{d^2(D-d)}$$

$$y = \frac{p \times D^3 - P \times d^3}{D^2(D-d)}$$

不同面额硬币的大小

在俄罗斯，硬币的质量跟面值大小成正比，面值为20戈比的硬币，它的质量是10戈比硬币的2倍。这是因为同一种硬币的几何形状都是一样的，所以只要知道了一枚硬币的直径，就可以得出跟它同类硬币的直径。下面，我们来看几个例子。

戈比是俄罗斯等国的辅助货币，相当于中国货币中的分。
1卢布＝100戈比

【题目】已知5分硬币的直径是25毫米，那么3分硬币的直径多少？

【解答】根据前面的分析，我们知道，3分硬币的体积是5分硬币的$\frac{3}{5}$倍，那么它的质量也是5分硬币的$\frac{3}{5}$。而体积跟长度的立方成正比，所以3分硬币的长度是5分硬币的$\sqrt[3]{0.6} \approx 0.84$倍。

所以3分硬币的直径大概是0.84×25=21毫米。跟它的真实直径22毫米相差无几。

价值百万卢布的硬币有多高

【题目】如果一枚硬币的面值是100万卢布，而它的形状跟20戈比的硬币一样，那么这枚硬币的直径大概是多少？如果把它立在一辆汽车旁边，它比汽车高还是低？

【解答】其实，这枚硬币并不会像我们想象中的那么大。经过计算，我们可以得出，它的直径大概是3.8米，也就是，比一层楼稍微高一点儿。它的体积是20戈比硬币的5000000倍，而它的直径是20戈比硬币的 $\sqrt[3]{5000000}$ 倍，约为172倍。

图168　这枚巨大的20戈比硬币的等比例面值是多少？

那么，这枚硬币的直径就是 $22 \times 172 \approx 3800$ 毫米，也就是3.8米，这跟我们期望中的硬币相比，还是小多了。

【题目】如图168所示，如果我们把一枚20戈比的硬币扩大到4层楼的高度，那么它的面值大概是多少？

在前面几篇中，我们学会了如何根据直线尺寸的大小来比较形状相似物体的体积。现在，对这类问题，我们已经不陌生了，利用这些知识，我们可以很容易地对比出画报中一些图画的错误比例。

夸张的比例图

【题目】假设一个人每天要吃掉400克牛肉，那么，在他的一生中，假设为60年，他大概要吃掉9吨牛肉。一般来说，牛的平均体重是 $\frac{1}{2}$ 吨，也就是说，他一生要吃掉大概18头牛。

237

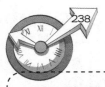

图169　一个人一生真的能吃
掉这么多肉吗？

图170　一个人一生真的能
喝掉这么多水吗？

图171　一个人一生能喝掉的水。

如图169所示，在这张图上，画着一个人，以及可以让他吃一生的大牛。这张图的比例正确吗？如果不正确的话，正确的应该是什么样？

【解答】图上的比例关系不正确。图中牛的长度、高度，以及宽度都是一般牛的18倍大，也就是说，如果换算成体积，它大概是一般牛的18×18×18倍，即约5832倍！如果一个人在一生中要吃完这么大的一头牛，他至少要活2000年。

通过换算，我们可以得出，图中牛的大小应该画成一般牛的高度、长度，以及宽度的2.6倍。如果按照这样的比例关系画图，它看起来并没有图中的那只牛那么大。

【题目】一个人每天大概要喝$1\frac{1}{2}$升的液体，也就是7杯~8杯。如果他活了70岁，他一共饮用的液体就是40000升。一般来说，一只水桶的容量是12升，如果把这些液体装进一个水桶中，这个水桶的容量就是一般水桶的3300倍。有人画出了这样的水桶，如图170所示，他的画法正确吗？

【解答】图中的画法太夸张了！其实，它的高度和宽度大概是一般水桶的$\sqrt[3]{3300}≈14.9$倍，取整数也只有15倍。如果一般水桶的高度和宽度是30厘米，那这只水桶的高度和宽度只要4.5米就可以了。在图171中，我们画出了他们的正确比例关系。

从前面的这些例子可以看出，运用立体图形进行统计学上的数字对比，经常显得不够明显，不能给人以一个明确的印象。如果用图表来表示，要清楚得多。

超想象的体重与身高关系比

如果我们把人与人的身体也看成几何学上的相似，并且假设一个身高为1.75米的男人体重是65千克。如果按这样的关系计算，很多人会对计算结果感到意外。

举个例子说吧。如果一个男子的身高比一般身高（1.75米）矮10厘米，那么他的体重多少算正常？

在日常生活中，我们一般这样计算：从一般身高男人的正常体重中剪掉一个数值，就像10厘米跟175厘米的比例一样。也就是说，从65千克中减掉65千克的$\dfrac{10}{175}$，最终得出62千克，并认为这是正确答案。

实际上，这种计算方法并不正确。应该用下面的比例关系来计算（假设这个人的体重是x：

$$65 : x = 1.75^3 : 1.65^3$$

$$x \approx 54$$

从结果可以看出，正确结果跟前面的结果相比，差了8千克。

同样的道理，如果一个男人的身高比一般身材高出10厘米，那么，他的正常体重也可以这么计算：

$$65 : x = 1.75^3 : 1.85^3$$

$$x \approx 78$$

也就是说，比一般体重要重13千克。这跟一般人想象的比起来大多了。

在医学中，正确的计算非常重要，可以让医生通过正确地计算体重确定用药量。

巨人和侏儒体重比相差50倍

你知道巨人和侏儒体重的比例关系应该是多少吗？如果我说巨人的体重大概是侏儒的50倍，肯定有很多人不会相信，下面，我们就来计算一下，看看是不是真的。

【题目】奥地利有一位巨人叫文克尔迈耶，身高达到了惊人的278厘米。跟普通人比起来，他的身高整整高出差不多1米。假设一个身材矮小的人身高是75厘米，也就是说，比正常人的身高低差不多1米。请问，与正常身高都相差1米的巨人和侏儒，他们的身高和体重的比例关系是怎样的？

【解答】这个比例关系是：

$$275^3 : 75^3 = 11^3 : 3^3 \approx 49$$

也就是说，巨人的体重大概是侏儒的50倍！

传说在阿拉伯，有一个名叫阿吉柏的人，他的身高只有38厘米，而世界上最高的巨人身高是320厘米。如果这个传说是真的，那么，他们的体重的比例关系会让你感觉更不可思议。根据这些数据，我们可以知道，他们身高的比例关系是8倍多，他们体重的比就是343。还有人说曾经亲自测量过一个矮人的身高，只有43厘米，这应该是比较可靠的。他的体重是刚才那个巨人的$\frac{1}{260}$。

需要指出的是，这些巨人与侏儒体重的比例关系都是估算的，含有一些夸大的成分。我们在前面已经提到过，前提是这些人的身材比例一样。但是，如果你也见过侏儒，就会发现，他们的身材跟一般人是不一样的，不管是手还是头，都跟正常人不一样，巨人也是如此。如果实际称重一下，他们体重的比例关系比我们这里计算出的要小，但至少也会相差50倍。

在 《格列佛游记》 中，作者非常小心地避免犯一些几何学上的错误。读过这本书的朋友可能还记得，在小人国中，1英尺相当于现实生活中的1英寸，但是在大人国中，情况则正相反，1英寸相当于实际中的1英尺。也就是说，在小人国中，所有的物体只有我们日常生活中的 $\frac{1}{12}$，而在大人国中，

《格列佛游记》的真相

《格列佛游记》是英国作家、讽刺文学大师乔纳森·斯威夫特的代表作。

所有的东西都是我们日常见到的12倍大。看起来，这两个数值没有什么复杂的，但是，在解答一些实际问题时，却会变得非常复杂，比如，下面的问题：

●格列佛每餐比他们多吃多少食物？体积是他们多少倍？

●跟小人国中的人相比，格列佛做一件衣服，需要的布料比他们多多少？

●在大人国中，一个苹果大概多重？

书中，作者在处理这些问题时基本上都是正确的。在他的计算中，小人国的人身高只有格列佛的 $\frac{1}{12}$，所以这些小人的体积就是格列佛的

$$\frac{1}{12 \times 12 \times 12} = \frac{1}{1728}$$。所以格列佛要想吃饱，所吃的食物是小人的1728倍。对于这一点，书中进行了详细的描写。

一共有300名厨师在为我准备午饭。在我住的地方，新建了很多小房子，里面正在进行烹饪。同时，厨师跟他们的家属也住在那里面。吃饭时，餐桌上一共有20个仆人为我服务，地上还有100多人在侍候：他们有的在端饭菜，有的在抬一桶桶的酒和饮料。在餐桌上的那些人，则用绳索和吊车，把这些东西运到桌子上……

图172 小人国里的裁缝们在为
格列佛量尺寸。

给格列佛制作衣服时，要用到很多布料，在这方面，作者斯威夫特也计算得很准确。格列佛的身体表面积是小人国中人的 $12 \times 12 = 144$ 倍。所以，他需要的布料也是这么多倍。作者通过格列佛的叙述，对这些细节进行了描写。格列佛是这么说的："他们按照当地衣服的样式给我做衣服。而且，为了尽快赶制出来，一共大概有300名裁缝在忙碌着。"场景如 图172 所示。

在涉及类似的问题时，作者都进行了精心的计算。而且，都运算得非常准确。在普希金的长诗《欧根·奥涅金》中，时间都是根据日历换算出来的，而在《格列佛游记》中，作者所提到的尺寸都符合几何学上的定律。当然，在游记中，也有一些小错误，特别是在大人国的一些描述中：

有一天，我跟一位宫廷人员到花园散步。当我们走到一棵苹果树下面时，这个人瞅准机会，使劲摇晃起了这棵树上的一根树枝。于是，在我的头顶上，一个个木桶大小的苹果落了下来，有一个还砸在了我的背上，把我砸倒了。

不过，这个大苹果并没有把格列佛怎么样，过了一会儿，他像没事人一样爬了起来。但是，真的是这样吗？其实，通过计算，我们可以得出，这个苹果的质量大概是一般苹果的1728倍，也就是差不多80千克，如果这个苹果从一般苹果树的12倍高度上落下来，打到人身上的质量大概是一般苹果落下时的20000倍，这样的质量是毁灭性的，足以跟一枚炮弹相比了。

书中，还有一个更大的错误。在计算大人国的人的肌肉力量时，也不是很准确。在前文中，我们已经分析过，动物的肌肉力量跟它的尺寸不是完全成正比的。如果把那里的结论用到这里，我们就会发现，大人国的人的肌肉力量是普通人的144倍，而他们的体积则是我们的1728倍。所以格列佛可以自如地运用自己的身体举起跟自己体重相当的物体，但是对于大人国的人来说，他们却做不到这一点。所以他们在生活中大概只能躺在某个地方，没办法做任何运动。在书中，作者把他们的肌肉力量描述得活灵活现，却是不正确的。

云和尘埃为什么会浮在空中

看到这个问题，很多人的第一反应是："这是因为，它们比空气轻。"他们认为这是毋庸置疑的。虽然这个答案看起来非常合理，却是错误的。实际上，尘埃并不比空气轻，相反，它比空气重多了，可能是空气的百倍，甚至是空气的千倍。

那么，到底什么是"尘埃"？其实，它就是各种物体的碎屑，比如，石头或者玻璃的碎屑，还有煤炭、木头，或者一些金属、颗粒纤维等。我们可以很容易地判断出，它们比空气要重得多，这可以通过它们的比重体现出来。在比重表中，它们基本上都比水还重，至少也有水的比重的 $\frac{1}{3}$ 以上。而水跟空气相比，前者大概是后者的800多倍。所以，我们说尘埃比空气重百倍，甚至千倍，一点儿也不夸张。

为什么尘埃可以漂浮在空气中呢？首先，我们纠正一下这个说法。一般意义上，我们都认为尘埃是浮在空中的，但是，这个说法是不准确的。从物理学上说，浮在空中的物体，它们的质量不会超过同体积的空气的质量。而尘埃的质量比空气大多了，所以我们不应该称它们为"漂浮在空中"，而应该说它们"飞翔在空中"。也就是说，在空气的阻力下，它们一直在缓缓下降。尘埃在下降的时候，空气分子必须给其腾出一条通道来，所以，在排除一些空气分子的同时，吸引着旁边的空气分子一起下降。这些都需要尘埃做功来实现，也就是要消耗一些能量。一般来说，下降的物体的截面积跟质量的比越大，其做的功越多。当一个非常重的巨大的物体下降时，我们根本感觉不到空气阻力的存在，这是因为这个物体的质量远远超过了空气阻力。

那么，如果物体的体积很小，会发生什么现象？我们可以利用几何学知识来进行解释。可以想象，物体的体积越小，它的质量跟截面积的比会更

243

小，这是因为，体积跟物体直线尺寸的立方成正比，而截面积跟它直线尺寸的平方成正比，而空气阻力是跟面积成正比的。

下面，我们举一个例子，看一下上面的数据有什么意义。比如说，有两个相同材料的球，一个的直径是10厘米，另一个的直径只有1毫米。那么这两个球的直线尺寸之比就是100∶1，它们的质量之比就是$100^3∶1$，也就是说，小球的质量是大球的一百万分之一。如果让它们从空中下降，受到的阻力之比就是$100^2∶1$。所以，很显然，小球比大球落得慢，或者说，尘埃之所以在空气中逗留，是因为它很小，并不是因为它比空气轻。如果有一滴直径为0.001毫米的水滴从空中下落，速度是0.1毫米／秒，那么只要稍微有一点儿空气的流动，就可能阻止它的下落。

这就是为什么在人走动多的房间比无人居住的房间灰尘落得少，白天比晚上落得少。尽管我们的想法往往恰恰相反。尘埃的降落会被空气中产生的旋涡气流所阻碍，而这种气流，在无人走动的安静空气中，是几乎不存在的。

假设有一块立方体石头，边长是1厘米。把它敲碎成边长为0.0001毫米的立方体尘埃，那么，这些石头总的截面积就会增大到原来的10000倍。所以，当它们下降的时候，空气阻力也会增大这么多的倍数。一般来说，尘埃都是这么大，所以增大的空气阻力把这一景象改变了。

下面，我们来讲一下云。云之所以能"浮"在空中，也是同样的原因。在以前的时候，有一个说法，说云是由很多饱和的水蒸气泡组成的。其实，这并不准确。实际上，云是由很多很多非常小而且又很密集的水滴组成的。这些水滴比空气重约800倍，但是它们不会轻易落下来，只是以我们无法察觉的速度慢慢地下落。这跟尘埃的下落是一样的，都是因为截面积比质量大了很多。

所以，只要有一阵非常轻微的气流，就有可能阻止云的缓慢下落，让它停在某一个水平面上，甚至可能使它向上运动。

云和尘埃之所以会漂浮在空中，就是因为有空气存在，如果把它们放在真空中，它们会像大石头一样急速下落。

再说明一点，降落伞下降的时候，也是慢慢下落的，道理是一样的。这时候，降落伞的下降速度大概是5米／秒。

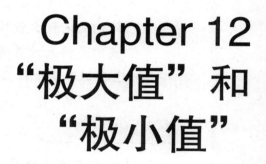

Chapter 12
"极大值"和
"极小值"

巴霍姆买地的代价

这个题目可能会让读者觉得奇怪，没关系，看到后面你就会明白，我们为什么选它作为本节的题目。首先，我们以托尔斯泰的短篇小说《一个人需要很多土地吗》中的片段开始：

"你们的地什么价钱？"巴霍姆问。

"我们是按天计算的，每天1000卢布。"

巴霍姆不明白什么意思。

"按天计算？为什么这么计量？那么，一天多少 俄顷 呢？"

> 1俄顷≈1.092540公顷

"我们不这么计算。"那个人说，"我们只按天卖，不管你一天走了多少地方，它们都是你的。价格都是统一的，一天1000卢布。"

巴霍姆感到非常奇怪。

"不过，"巴霍姆说，"一天的时间可以走出很大一块地来呀！"

"那就都是你的，"那个酋长笑着说，"只有一点，如果你在一天中不能回到出发点，那你的钱就白花了。"

"但是，"巴霍姆说，"你们怎么知道我走过哪儿呢？"

"我们会站在你选择的出发点，而你可以带上一把耙子，走到你认为需要做标记的地方挖一个坑，并在里面放一些草根，然后我们用犁，沿着你挖的坑犁出界线。只要你能在太阳下山之前把地围成一个圈，也就是说，回到出发点，那么，这个圈子里面的地就都是你的了。"

于是，他们几个人便分开了，并且约定第二天早晨在这里集合，等太阳出来之后就出发。

第二天，天还没亮，他们就来到了草原。一会儿，酋长来到了他们身边，并比画着说：

"看，能看得到的这片地都是我们的。你们随便挑吧！"

说着，酋长脱下了狐皮帽，并把它放在了地上。

"这样，"他说，"这个帽子就算记号，你从这儿开始走，最后必须再回到这里来，你圈起来的地方，都归你。"

太阳才刚刚从地平线上露出来，巴霍姆就扛起耙子，向着大草原走去。

大概走了一 俄里 ，巴霍姆停了下来，用耙子挖了一个小坑，然后，继续向前走。走了一段距离后，他又挖了第二个坑。

1俄里≈1.0668公里

走出大概5俄里后，巴霍姆看了看太阳，感觉应该吃早饭了。"走完一站了！"他想道，"一天的时间，我应该可以走四站，现在不急着拐弯，再走5俄里后我向左拐。"这么想着，他又沿着刚才的方向向前走。

"差不多了，"他想，"这边已经走了不少了，该拐弯了。"他停下了脚步，挖了一个大坑，然后向左边拐去。

在这边，他又走了不少路，然后，在一个地方拐了第二个弯。巴霍姆掉过头看向土丘。天气太热了，而且雾气已经迷漫开来，只能朦胧看到土丘上的人。"嗯"，巴霍姆想，"刚才这两个边走得有点儿多了，现在这一边要少走些。"这么想着，他开始走第三条边。他又看了看太阳，这时差不多中午了，在这个边上，他只走了大约2俄里。到原来的那个地方还有15俄里的距离。"不行，"他想，"这块地虽然不方正。但还是照直线走吧。"

图173 巴霍姆尽全力地
跑完最后的路程。

他赶快挖了个坑，朝着土丘一直走过去。

巴霍姆就那样朝着土丘一直走，他感觉越来越疲惫。他想歇一会儿，但是不行，他必须在太阳下山之前回到出发的地方。这时，太阳都快要接近地平线了。

但是，巴霍姆还在走着，虽然他觉得走得很吃力，但不得不加快脚步，因为距离出发点还有很远的距离。于是，他大步跑了起来。他不停地跑，衣服都湿透了，嘴里也干得冒火，胸膛中好像有一只风箱在吹，心脏跳动得越来越快，就像铁锤敲击一样。

如 图173 所示，时间已经变得非常紧迫，他用尽全力地跑着，眼看太阳就要到地平线下面去了。

太阳距离地平线越来越近，巴霍姆离出发点也越来越近。他已经可以看见酋长和他的狐皮帽子了。

这时，巴霍姆又看了看太阳，它已经挨到了地平线，并且有一小半已经到地平线以下。于是，他用尽最后的力气，拼命朝着土丘跑过去。抬头一看，狐皮帽子就在前面。他双腿一软，扑倒在地，两只手正好碰到狐皮帽子。

"好样的，小伙子！"酋长说道，"你拥有了很多土地。"

旁边跑过来一个工作人员，想把巴霍姆扶起来，结果发现，他已经嘴角流血，死在了那里……

【题目】故事的结局很凄惨，我们且不去为巴霍姆伤感，先来看一下这个题目的几何学意义。根据描述，我们是否可以计算出，巴霍姆一共走了多少地？初看这个题目，好像不是很容易解答，其实很简单。

【解答】我们不妨重新读一遍这个故事，读的时候，把里面的数据记下来，就可以看出，利用这些数据，完全可以计算出答案来，甚至可以将巴霍姆走过的路线画出平面图。

从故事中我们知道，巴霍姆一共走了4条边，在走第一条边时，故事是这么描写的：

走了大概5俄里了……再走5俄里后，我再向左拐……

也就是说，四角形的第一条边长是10俄里。

第二条边跟第一条边垂直，不过，故事中并没有说出它的长度。

第三条边跟第二条边应该也是垂直的，在故事中，有这样的描写：

在这个边上，他只走了2俄里。

第四条边，故事中也有这样的语句：

"到出发的地方还有15俄里。"

如 图174 所示，根据前面的数据，我们可以画出巴霍姆走过的这块地的平面图。在画出来的四角形 $ABCD$ 中，线段 AB 长10俄里，线段 CD 长2俄里，而线段 AD 长15俄里，另外，角 B 和角 C 都是直角。只有线段 BC 是未知的，我们假设它为 x，可以很容易计算出它的长度来。如 图175 所示，从点 D 作一垂直于 AB 的垂线 DE。那么，在直角三角形 DEA 中，直角边 AE 为8俄里，AD 为15俄里。所以，线段 ED 的长度是：

$$\sqrt{15^2 - 8^2} \approx 13 \text{（俄里）}$$

也就是说，第二条边 BC 的长度等于13俄里，这么看来，巴霍姆觉得第二条边比第一条边短，他应该是看错了。

现在，我们把巴霍姆的行走路线画了出来，并且得出了每条边的长度。

作者托尔斯泰在进行这段描写的时候，他面前肯定

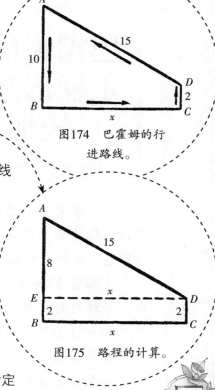

图174　巴霍姆的行进路线。

图175　路程的计算。

摆着如图174所示的一张图。

现在，我们可以很容易地计算出梯形ABCD的面积，它由一个矩形EBCD和一个直角三角形AED组成。所以，这个面积是：

$$2 \times 13 + \frac{1}{2} \times 8 \times 13 = 78 \text{（平方俄里）}$$

如果利用梯形面积的计算公式，我们可以得到同样的结果：

$$\frac{AB + CD}{2} \times BC = \frac{10 + 2}{2} \times 13 = 78 \text{（平方俄里）}$$

1平方俄里≈104.16俄顷

最后，巴霍姆走出来的这块地一共有78平方俄里，如果换算成**俄顷**，

就是大概8000俄顷那么大。也就是说，每俄顷地的价格只有12.5戈比。

巴霍姆应该走梯形还是矩形

【题目】巴霍姆为了得到更多的地，最后竟然为此失去了生命。他一共走了多远的路呢？其实，可以很容易计算出来，一共是10+13+2+15=40俄里。他走出的路线是一个梯形。他本来打算走出一个矩形的，结果却走成了梯形，这是因为他事先没有算好。那么，他走出来的这个梯形跟矩形相比，哪个更有利呢？这个问题很有意思。他走什么形状，获得的土地才最多？

【解答】如果一个周长为40俄里的矩形，它的形状可以有很多种，每种的面积都不同。比如，可以有下面的几种情况：

如果边长分别是14和6，面积是14×6=84平方俄里。

如果边长分别是13和7，面积是13×7=91平方俄里。

如果边长分别是12和8，面积是12×8=96平方俄里。

如果边长分别是11和9，面积是11×9=99平方俄里。

从上面的几种情况可以看出，虽然各种矩形的周长都是40俄里，但是面积却不同。不过，它们的面积都比梯形大一些。当然，也有一些周长为40俄里的矩形，比刚才的梯形面积小：

如果边长分别是18和2，面积是18×2=36平方俄里。

如果边长分别是19和1，面积是19×1＝19平方俄里。

如果边长分别是 $19\frac{1}{2}$ 和 $\frac{1}{2}$，面积是 $19\frac{1}{2} \times \frac{1}{2} = 9\frac{3}{4}$ 平方俄里。

所以，对于题目中的第一个问题，我们是没有肯定或者否定答案的。在周长相等时，有些矩形面积大，有些梯形面积大。但是对于题目中的第二个问题，我们却可以计算出结果来。也就是说，在周长相等的矩形中，可以找出一个具有最大面积的来。

如果把前面列出来的每个矩形进行比较，我们就会发现，矩形的两个边长差距越小，它的面积越大。所以，我们可以得出这样的结论：当两边的差距为0时，这个矩形的面积就最大。也就是说，当矩形成为正方形时，面积最大。所以，如果巴霍姆想走出最大面积，应该走出一个正方形，这样的话，他得到的土地面积就会比他走出的多22平方俄里。

正方形的特殊性质

在所有周长相等的矩形中，正方形的面积最大，这是正方形的一个特殊性质。其实，很多人并不知道这一点。所以，在这里，我们对这一点进行严格的证明。

我们把矩形的周长记为 P，那么，如果这个矩形是正方形，它的边长就是 $\frac{P}{4}$。现在，我们就来证明，如果

把其中的一个边长减少b值，同时在另一边加上b值，虽然它的周长还是P，但是面积却比正方形小。也就是说，证明正方形$\left(\text{边长为}\dfrac{P}{4}\right)$的面积比矩形$\left[\text{边长}\right.$分别为$\left(\dfrac{P}{4}+b\right)$和$\left.\left(\dfrac{P}{4}-b\right)\right]$的面积大，即：

$$\left(\frac{P}{4}\right)^2 > \left(\frac{P}{4}+b\right)\left(\frac{P}{4}-b\right)$$

不等式的右边：

$$\left(\frac{P}{4}+b\right)\left(\frac{P}{4}-b\right)=\left(\frac{P}{4}\right)^2-b^2$$

也就是说，上式可以转化成下面的式子：

$$0 > -b^2 \text{或者} b^2 > 0$$

很明显，这个不等式是成立的，这是因为，对于任意的数，它的平方都大于0。所以，前面的那个不等式当然也是正确的。

综上所述，在所有周长相等的矩形中，正方形的面积是最大的。

此外，我们还可以得出这样的结论：在所有相同面积的矩形中，正方形的周长是最短的。下面，我们也来证明一下。

假设上面的结论不正确，也就是说，在面积一定的条件下，正方形的周长并不是最短的。

假设存在这样一个矩形A，它的面积跟正方形B相等，但是周长却比正方形B的周长短。

如果我们用这个矩形A的周长作为一个正方形C的周长，则这个正方形C的面积就会比矩形B大。

正方形C比矩形B的面积大。

正方形C的周长比正方形B小，但是面积却比正方形B大。

这显然是不存在的。

所以说，我们前面的假设是不正确的，并不存在这样一个矩形A，它跟正方形B面积相同，而周长却比较小。因此，我们可以确认在所有面积相等的矩形中，正方形的周长最小。

上文中，如果巴霍姆知道正方形的这两个特殊性质，他完全可以根据自己的体力，获得最大面积的土地。如果他知道自己可以在白天不费力地走出36俄里，他就可以走出一个边长为9俄里的正方形，这样他就可以得到81平方俄里的土地，这比他因过度劳累而死获得的土地还要多出3平方俄里。

反之，如果巴霍姆只想得到一块很小的土地，比如，36平方俄里，他只需要花费很少的体力，走出一个边长为6俄里的正方形就可以了。

什么形状的地是最佳选择

讨论进行到这里，新的问题又来了：如果巴霍姆不是选择走出一个矩形，而是别的什么形状，比如，三角形、四边形或者五边形，是否可以获得更多的土地呢？

关于这个问题，我们一样可以进行严格的数学分析。但是，估计读者朋友已经厌倦分析了。所以，在这里，我们不进行这种分析，只介绍一下结果。

在前文中，我们证明了，在所有周长相等的矩形中，正方形的面积最大。其实，不光是矩形，在所有周长相等的四边形中，正方形的面积也是最大的。所以，假设巴霍姆一天可以跑出40俄里，如果他想获得一块四边形的土地，那么这块土地的面积不可能超过100平方俄里。

此外，我们还可以证明：正方形比任何跟它周长相等的三角形的面积都要大。如果正方形的周长是40俄里，那么，假设a为正三角形的边长，跟正方形周长相等的等边三角形边长就是$\frac{40}{3}=13\frac{1}{3}$俄里，所以，它的面积是：

$$S=\frac{1}{4}a^2\sqrt{3}=\frac{1}{4}\left(\frac{40}{3}\right)^2\sqrt{3}\approx77（平方俄里）$$

也就是说，这个三角形的面积比那个梯形的面积还要小。

在后文中，我们会证明，在所有周长相等的三角形中，等边三角形的面积最大。所以，如果这个最大面积都比正方形的面积小，那么其他周长相等的三角形肯定也比正方形的面积小。

不过，如果把正方形跟周长相等的五边形、六边形进行比较，正方形的这一优越性就不存在了。我们可以证明，正五边形的面积比正方形的面积大，而正六边形则更大。这里，举一个正六边形的例子，来证明一下。比如，周长还是40俄里，那么，这个正六边形的边长就是：

$$\frac{40}{6}=\frac{20}{3}\ (\text{俄里})$$

假设a为正六边形的边长，它的面积为：

$$S=\frac{3}{2}\left(\frac{20}{3}\right)^2\sqrt{3}\approx115\ (\text{平方俄里})$$

也就是说，如果巴霍姆选择的是正六边形路线，那么，在付出同样体力的情况下，他可以多获得115－78＝37平方俄里的土地。跟正方形相比，还多出15平方俄里。当然了，如果选择这种路线，他可能需要携带一个测角仪什么的。

【题目】用6根火柴，摆出一个最大面积的封闭路线。

【解答】其实，用6根火柴可以摆出很多种路线，比如，正三角形、矩形、平行四边形、不等边的五边形、不等边的六边形，或者正六边形等。但是，如果对一个"几何学家"而言，他根本不用一个一个地比较，因为他知道什么图形的面积最大，那就是正六边形。

最大面积是多少

其实，我们可以用几何学知识证明：在周长相等的情况下，对于一个正多边形，边数越多，其面积越大。如果在一定的周长下，圆的面积最大。如果巴霍姆跑的路线是圆形（这个圆的周长是40俄里），那么他就可以得到 $\pi\left(\dfrac{40}{2\pi}\right)^2\approx127$ 平方俄里的土地。

在周长相等的情况下，没有一种图形比圆的面积更大。

也许有的读者朋友想知道这是为什么。下面，我们就来对这一结论进行一下证明，看看圆到底是不是真的有这样的特性。

需要说明的是，下面的这种证明方法并不是十分严格，不过，可以帮助我们理解圆的这一特性。

需要证明的题目是：在周长为定值的情况下，圆的面积是最大的。

首先，我们需要确定一点，就是这个图形必须是凸边的。也就是说，它所有的弦都在这个图形的里面。如 图176 所示，假设有这样一个图形 AaBC 在这个图形中，弦 AB 在图形的外面，那么如果我们用弧 a 来代替弧 b，对于这个图形来说，周长并没有变化，但是它的面积却明显变大了。所以，在周长为定值的情况下，图形 AaBC 的面积绝对不是最大的。

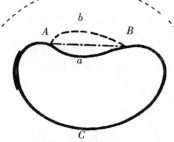

图176　当周长相等时，最大面积的图形一定。

如果我们找到了这个图形，它的面积最大，那么这个图形一定是凸边的。下面，我们再来说明它的另一个特性：如果在这个图形中存在一条弦，使它的周长二等分，那么也必然使它的面积二等分。如 图177 所示，假设图形 AMBN 是这个面积最大的图形，并且，假设它的周长被弦 MN 二等分，下面，我们就来证明图形 NAM 的面积等于图形 MBN。

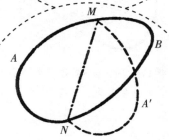

图177　如果一条弦把一个具有最大面积的凸边形的周长二等分，那这条弦也一定将面积二等分。

首先，我们假设其中的一个图形面积大一些，比如，NAM>MBN。如果沿着 MN 把 NAM 折过去，并根据图形 NAM 作一个全等的图形 NA′ M。这个新图形 AMA′ N图形 AMBN 的周长相等，但面积比图形 AMBN 大。那就说明图形

*AMBN*并不是我们要找的图形，因为它不是相同周长中面积最大的圆。

在继续讨论之前，我们需要证明下面这个补充定理：如果已经知道了三角形的两个边长，那么在所有以它们为其中两条边的三角形中，面积最大的三角形是以它们为两个直角边的三角形。

怎么来证明这一定理呢？我们不妨假设这两条边分别为*a*和*b*，它们的夹角为*C*。那么，这个三角形的面积就可以表示为：

$$S = \frac{1}{2}ab\sin C$$

由上式可以看出，如果两条边*a*和*b*是已知的，那么三角形的面积就取决于角*C*的值，很明显，sin*C*取最大值1的时候，面积*S*是最大的。这个时候，角*C*的值必定是90°，也就是在两个边成直角时。

现在证明：在所有周长相等的图形中，圆的面积最大。如 图178 所示，假设存在这样一个非圆图形*MANBM*，在周长相等的情况下，它的面积最大。

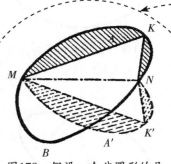

图178 假设一个非圆形的凸形面积最大，能否实现？

第1步：我们作出可以把周长二等分的弦*MN*。在前面，我们证明过，这时图形的面积也会被二等分。

第2步：我们把图形的*MKN*部分沿着*MN*折起来，得到了对称的图形*MK′N*，所以图形*MNK′M*跟原来的图形*MKNM*周长和面积都是相等的。而弧*MKN*并不是一个圆的半周，所以，它上面的任何一个点跟点*M*和*N*的连线都不可能构成直角。

第3步：假设点*K*就是这上面的一个点，它的对称点为*K′*，所以，角*K*和角*K′*都不是直角。在线段*MK*、*KN*、*MK′*和*NK′*长度不变的情况下，移动它们的位置，使它们的夹角*K*和*K′*为直角，则这两个直角三角形全等。

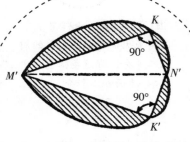

图179 这里需证明，在周长相等的情况下，最大面积的图形仍然为圆形。

第4步：如 图179 所示，把两个三角形对应的弦合并起来，并把图形中的阴影部分合并到*M′K*、

KN'、$N'K'$、$K'M'$ 的外面。这样，我们就得到了图形 $M'KN'K'M'$，很明显，这个图形的周长跟原来的图形也是相等的。但是，由于三角形 $M'KN'$ 和 $M'K'N'$ 是直角三角形，根据前面的结论，我们知道它们的面积比三角形 MKN 和 $MK'N$ 大。所以，图形 $M'KN'K'M'$ 的面积也比原来图形的面积大。

因此，我们前面的假设是错误的。由此我们可以得出结论，如果这个图形不是圆形，它的面积就不是最大的。

综上所述，在周长相等的各种图形中，圆的面积是最大的。

另外，我们还可以证明：在面积相等的各种图形中，圆的周长最短。至于证明的方法，可以采用前面证明正方形的方法。

最难拔出的钉子

【题目】墙上钉入了3颗钉子，钉入的深度是相同的，不同的是，钉子的截面分别是三角形、圆形和正方形，截面的面积相等。如果现在要把3颗钉子拔出来，哪个最难拔？

【解答】一般来说，钉子跟它周围材料的接触面积越大，它就越牢固，而接触面积等于截面周长乘以钉入的深度。也就是说，钉子截面的周长越大，越难拔出来。那么，哪颗钉子的截面周长最长呢？

我们知道，在面积相等的情况下，三角形的周长要比正方形长，而正方形的周长又比圆形长。如果我们假设正方形钉子的边长是1，那么这3颗钉子的截面周长分别是：

三角形钉子的截面周长：4.53。

正方形钉子的截面周长：4.00。

圆形钉子的截面周长：3.55。

所以，最难拔出的钉子是截面为三角形的钉子。

但是，截面是三角形的钉子在市面上是很难见到的，原因就是它很容易弯曲和折断。

最大体积的物体是什么

前面，我们一直在讨论圆形的特性。其实，球形跟圆形也具有一样的特性。在各种立体图形中，如果它们的表面积相等，球形的体积最大。反过来，在体积相等的各种物体中，球形的表面积最小。在实际生活中，这两个特性都具有重要的意义。比如，在一些餐厅中经常见到一种球形壶，用来烧水。那么，为什么不用圆柱形或者其他形状的壶烧水呢？是因为这种壶的表面积最小，热量散失得就会比其他形状的壶慢一些。反之，在温度计上，如果装水银的球不是球形，而是其他的形状，比如，圆柱形，那么它对于周围冷热变化的感受速度就会快一些。

同样的道理，我们的地球是由几层外壳和地核组成的。在外力使它表面形状发生变化的时候，它的体积就会减小，也就是会变得更紧密。如果因为外力，使得地球的表面形状出现了偏差，那么它的内部就会紧缩。刚才我们讨论了这一现象的几何学原理，其实，这些现象有可能跟地震或者地壳运动有关。不过，这得由地质学家来判定了。

和为定值时，乘数的最大乘积

在前面的一些题目中，我们好像都是从经济学的角度来分析的。比如，买地的题目，巴霍姆付出了一定的努力，应该怎么做才能获得最多的土地。也就是说，如何才能在付出后得到最大的利益。这一类问题有一个专有名词："极大值和极小值"。关于这类问题，它们有很多种类型，解答时也有难有易，有一些问题甚至需要借助高等数学才能解决，另一些则相对简单，只需普通的数学知识就可以解答出来。下面，我们再来讨论几个这样的题目，它们要用到几何学上的另一个内容：定和乘数的乘积。

我们已经知道，对于两个和一定的数，它们的乘数和乘积具有一些通用的性质。比如，在周长相等的情况下，正方形的面积比矩形大。如果把这句话改成算术上的说法，我们可以这么说：如果把一个数分成两部分，使它们的乘积最大，那么应该把这个数进行二等分。比如，在下面一些数的乘积中：17×13、16×14、18×12、19×11、20×10、15×15，每组中两个数的和都是30，但是乘积最大的是15×15。

如果换成3个数，也就是说，如果3个数的和一定，前面的性质依然适用。其实，根据前面的内容，我们可以推导出这一性质来。假设有3个数x、y和z，它们的和是a，也就是说：

$$x+y+z=a$$

我们不妨假设x和y不相等，如果把这两个数分别用其和的一半$\frac{x+y}{2}$来表示，那么3个数的总和不变，即：

$$\frac{x+y}{2}+\frac{x+y}{2}+z=a$$

由之前的推论，我们知道：

$$\left(\frac{x+y}{2}\right)\left(\frac{x+y}{2}\right)>xy$$

所以，$\left(\frac{x+y}{2}\right)$、$\left(\frac{x+y}{2}\right)$、$z$的乘积大于$x$、$y$、$z$的乘积，即：

$$\left(\frac{x+y}{2}\right)\left(\frac{x+y}{2}\right)z>xyz$$

综上所述，如果x、y、z这3个数中有两个不相等，那么我们就一定可以在保证它们的和不变的情况下，找到比它们的乘积xyz更大的数来。也就是说，只有这3个数相等，才不会有这种可能。所以，如果$x+y+z=a$，那么，只

有在下列条件中，3个数的乘积xyz才最大：

$$x=y=z$$

下面，根据这一特性，我们来解答几道非常有意思的题目。

最大面积的三角形

【题目】如果已知三角形3个边长的总和，那么，在什么情况下，这个三角形的面积最大？

前文中，我们提到过，这个三角形必定是等边三角形，那么，如何证明这一结论呢？

【解答】根据题目，我们假设三角形的3条边的边长分别是a、b、c，它们的和为$2p$，即$a+b+c=2p$，根据几何学原理，我们知道，三角形的面积S为：

$$S=\sqrt{p(p-a)(p-b)(p-c)}$$

两边平方，得：

$$\frac{S^2}{p}=(p-a)(p-b)(p-c)$$

根据题意，p是三角形的半个周长，是一个定值，所以$\frac{S^2}{p}$取得最大值的时候，面积S就取得了最大值。所以，问题就变成了求$(p-a)(p-b)(p-c)$的最大值了。也就是$(p-a)+(p-b)+(p-c)$在什么时候取得最大值的问题。

因为$a+b+c=2p$，所以：

$$(p-a)+(p-b)+(p-c)=3p-(a+b+c)=p$$

从上式可以看出，这三个数的和是一个定值p，所以，当它们三个相等的时候，它们的乘积最大，即：

$$p-a=p-b=p-c$$

所以，我们可以得到：

$$a=b=c$$

也就是说，在所有周长相等的三角形中，等边三角形的面积最大。

如何锯出最重的木梁

【题目】我们有一段圆木，现在想锯出一条方木梁，要求它的质量越重越好。那么，我们该怎么锯呢？

【解答】分析题意，我们可以把这个题目转化为这样一个问题：在一个已知圆中，如何画出一个面积最大的矩形。在学习了前面的内容后，读者朋友可能已经有了答案，这个矩形必须是正方形。下面，我们就来证明一下这个结论，其实，这个过程还是很有意思的。

如 图180 所示，矩形其中一个边的长度用 x

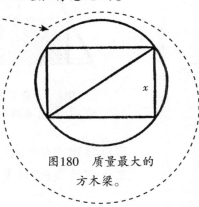

图180 质量最大的方木梁。

表示，那么另一个边的长度就是 $\sqrt{4R^2-x^2}$，这里的 R 为圆木的半径。所以矩形的面积就是：

$$S=x\sqrt{4R^2-x^2}$$

两边平方，得到：

$$S^2=x^2(4R^2-x^2)$$

在上式中，右边的两个乘数 x^2 与 $4R^2-x^2$ 之和是一个定值 $4R^2$，所以它们的乘积 $x^2(4R^2-x^2)$，也就是 S^2 在乘数 x^2 与 $(4R^2-x^2)$ 相等的时候最大。它们相等时面积 S 的值，就是所求的最大面积。

也就是说，当这个矩形是正方形的时候，它的面积最大。这

261

时，$x=\sqrt{2}R$。实际上，这个正方形为圆的内接正方形。

综上所述，如果把这段圆木的截面锯成正方形，这时木梁的体积最大，质量也最重。

硬纸三角形

【题目】在一块三角形的硬纸板上切出一个面积最大的矩形，并且要求矩形的边跟三角形的底和高平行。

【解答】如 图181 所示，假设硬纸板的形状是三角形ABC，图形MNOP就是我们要切出的那个矩形。根据题意我们可以得到，三角形ABC和三角形MBN是相似三角形，所以：

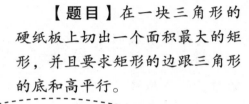

$$\frac{BD}{BE}=\frac{AC}{MN}$$

$$MN=\frac{BE \times AC}{BD}$$

假设矩形中MN的长度为y，三角形顶点B到线段MN的距离BE为x，三角形的底边AC的长度为a，三角形的高BD的长度为h，则上式可以写为：

$$y=\frac{ax}{h}$$

所以，矩形MNOP的面积S为：

$$S=MN \times NO=MN \times (BD-BE)$$

$$=(h-x)y=(h-x)\frac{ax}{h}$$

图181　三角形中的内接矩形的面积。

所以：

$$\frac{Sh}{a}=(h-x)x$$

根据题意，h和a都是定值，所以当$(h-x)x$取得最大值的时候，面积S最大。而右边式子中的两个乘数$h-x$与x之和为定值h，所以右边式子将在这两个乘数相等的时候取得最大值，即：

$$h-x=x$$

所以：

$$x=\frac{h}{2}$$

矩形的边MN的长度应该等于三角形的高的一半，它会通过高的中点。因此只要找到三角形两个边的中点，并连接它们，就得到了这个矩形的一条边，它的长度为$\frac{a}{2}$，另一条边的长度为$\frac{h}{2}$。

铁匠遇到的难题

图182 铁匠的难题。

【**题目**】如 **图182** 所示，这位铁匠接到了一个订单，求用一块边长为60厘米的正方形铁皮做一个盒子，不需要做盒盖，但是盒底必须是正方形，

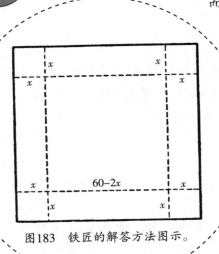

图183 铁匠的解答方法图示。

而且要求容量达到最大。这可难住了这位铁匠，他思考了很久，不停地拿着直尺量这块铁皮，最终也没有想出来应该怎么做。读者朋友们，你可以帮他一下吗？

【解答】如 图183 所示，我们假设这块铁皮的每条边都应该折进去x厘米，则盒子的底边长度为$(60-2x)$厘米，那么，盒子的容量V就可以表示成下面的式子：

$$V=(60-2x)(60-2x)x$$

在右边的式子中有3个乘数。如果这3个乘数之和为定值，那么当这3个乘数相等的时候，它们的乘积最大，也就是盒子的容量V最大。下面，我们来看看这3个乘数的和是多少：

$$(60-2x)+(60-2x)+x=120-3x$$

也就是说，它们的和并不是一个定值，会随着x的变化而变化。但是，我们可以将前面的等式变化一下，在两边都乘以4，得到：

$$4V=(60-2x)(60-2x)4x$$

右边3个乘数之和就变成了定值：

$$(60-2x)+(60-2x)+4x=120$$

此时，当这三个乘数相等的时候，它们的乘积最大，即：

$$60-2x=4x$$

所以：

$$x=10$$

这时候，盒子的容量V取得最大值。

因此，只要把这块铁皮从每边折进10厘米，做成的盒子的容量就是最大的。我们还可以计算出这个容量的大小，就是：

$$40\times40\times10=16000（立方厘米）$$

如果铁匠不是这么折的话，哪怕他多折或者少折1厘米，得到的盒子的容量都比这个小。我们可以计算一下，看看是不是这样。

多折1厘米时，容量为11×38×38=15884立方厘米。

少折1厘米时，容量为9×42×42=15876立方厘米。

显然，跟16000立方厘米相比，它们要小一些。

【题目】如图184所示，车工接到一个订单，让他用一个圆锥形材料车出一个圆柱来，要求尽可能地少去掉材料。他思考了很久，都没有确定下来，到底是车成图185所示的细长圆柱，还是车成图186所示的粗短圆柱？他不知道这两个方案，哪一个合乎要求。读者朋友，你觉得他应该怎样做才能满足条件？

车工遇到的
难题

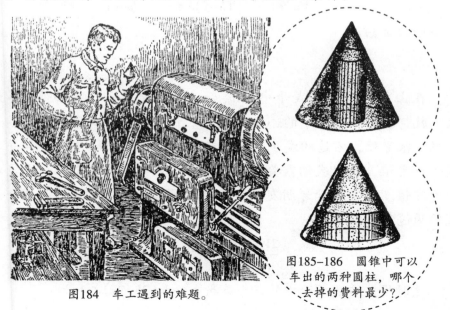

图184 车工遇到的难题。

图185-186 圆锥中可以车出的两种圆柱，哪个去掉的费料最少？

この層

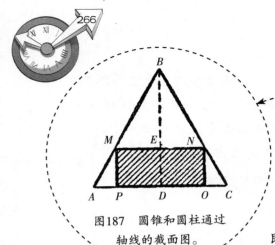

图187 圆锥和圆柱通过
轴线的截面图。

【解答】说实话，这个题目还是有一定难度的。如 图187 所示，我们假设过这个圆锥轴线的截面图为三角形 ABC，它的高 $BD=h$，底边半径 $AD=DC=R$。假设图中阴影部分就是我们要车出的那个圆柱的截面，即 $MNOP$，它的顶面跟圆锥顶点的距离 $BE=x$，圆柱的底面（或者顶面）半径 $PD=ME=r$。

那么，我们有下面的比例关系：

$$ME : AD=BE : BD$$

即：

$$r : R=x : h$$

$$r=\frac{Rx}{h}$$

所以，这个圆柱的高就是 $(h-x)$，它的体积为：

$$V=\pi\left(\frac{Rx}{h}\right)^2(h-x)=\pi\frac{R^2x^2}{h^2}(h-x)$$

所以可知：

$$\frac{Vh^2}{\pi R^2}=x^2(h-x)$$

在上式中，左边式子中的 h、π、R 都是定值，所以要想 V 最大，就得使右边式子中的 $x^2(h-x)$ 最大。但是，这个式子什么时候最大呢？很显然，右边的式子有三个乘数 x、x 和 $(h-x)$，它们之和并不是一个定值，所以我们需要对它进行一下变换，使这个三个乘数之和为定值。其实，读者朋友应该已经有了答案，就是在前面那个等式的两边都乘以2，即：

$$\frac{2Vh^2}{\pi R^2}=x^2(2h-2x)$$

这时候，右边式子中的三个乘数 x、x 和 $(2h-2x)$ 之和为：

$$x+x+(2h-2x)= 2h$$

也就是说，它们的和为定值2h。所以，当这三个乘数相等的时候，它们的乘积最大，也就是：

$$x=2h-2x$$

$$x=\frac{2h}{3}$$

这时，$\frac{2Vh^2}{\pi R^2}$ 也取得最大值，也就是圆柱的体积V取得最大值。

也就是说，只要圆柱的上底面距离圆锥的顶点为圆柱高度的2／3，就可以得到最大体积的圆柱，这样去掉的材料就是最少的。

我们自己动手制作一些小玩意的时候，经常会碰到这样的情况：手边材料的尺寸并不是我们需要的，如图188所示。

图188　如何只锯三次、拼一次，
把木板接长？

怎么接
长短木板

这时候，我们经常需要采取一些方法来改变它们的大小。利用几何学的知识，可以帮助我们解决很多这方面的问题。

假设现在遇到了这样一种情况：你要做一个书架，需要一块长度为1米，宽度为20厘米的木板，但你手边并没有这么合适的木板，只有一块长度为75厘米，宽度为30厘

267

米的木板，你会怎么做呢？

你当然可以按照图188中所示的方法图，把这块木板沿木纹锯出一条宽度为10厘米的边，这条边锯成长度都是25厘米的三段，然后，再把其中的两段接到木板的一头上。不过，这种做法需要锯三次、拼接两次，而且，这样接起来的木板也不可能坚固。

【题目】如果要求只锯3次，拼接1次，你可以做到吗？

【解答】如 图189 所示，按照图示的样子，沿着木板 $ABCD$ 的对角线 AC 锯开，然后把锯开的两边沿对角线移动一定的距离 C_1E，这个距离取决于所需要的木板长度，这里是25厘米。这时，它们合起来的长度正好是1米。现在，我们把这两块木板在对角线 AC 处拼接上，然后，把两头的多余部分（图中阴影部分）锯掉，就得到了我们需要的木板，而且满足题目的要求：只锯了3次，拼接了1次。

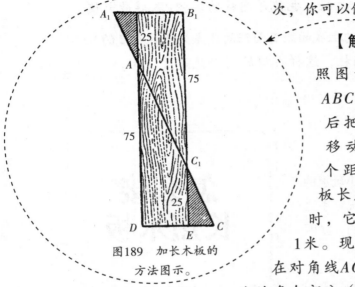

图189　加长木板的
方法图示。

事实上，三角形 ADC 和 C_1EC 是相似三角形，所以可得：

$$AD : DC = C_1E : EC$$

$$EC = C_1E \times \frac{DC}{AD}$$

$$EC = 25 \times \frac{30}{75} = 10（厘米）$$

$$DE = DC - EC = 30 - 10 = 20（厘米）$$

【题目】 如图190所示，人们想在这条河边建一座水塔，通过水管把水输送到旁边的村庄*A*和村庄*B*。请问，应该选择在哪个地方建水塔，才能使水管到村庄*A*和村庄*B*的总长度最短？

最短的路线

【解答】 我们可以把这个题目改为：在河边寻找一个点，使这个点到点*A*和点*B*的距离之和最小。如图191所示，假设这条路线是*ACB*。如果把这个图沿着*CN*折起来，在河的另一边，我们得到了点*B'*。已知*CB'* ＝*CB*。假设*ACB*就是我们需要的最短路线，也就是说，*ACB'*比任何一条从点*A*到点*B'*的路线（比如，*ADB'*）都短。那么，只要找出点*A*和*B'*的连线与河边的交点就可以了，这个点就是所求的点。这样，只要再连接点*B*和*C*，就可以得到这段最短的路线*ACB*了。

如图所示，过点*C*作垂直于*CN*的直线*PQ*，那么这条垂线*PQ*跟*AC*和*BC*的夹角∠*ACP*和∠*BCP*应该是相等的，而且等于∠*B'CQ*，即：∠*ACP*＝∠*B'CQ*＝∠*BCP*。我们都知道，这正是光线的反射定律：入射角等于反射角。光线在某个平面上反射时，选择的路径是最短的。

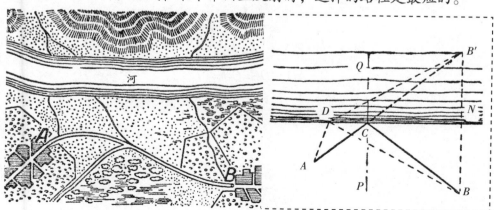

图190　水塔与村庄位置图示。　　　　图191　最佳水塔位置的图示。

感　谢

在本书的翻译过程中，得到了项静、尹万学、周海燕、项贤顺、张智萍、尹万福、杜义的帮助与支持，在此一并表示感谢。